安徽省水利建设工程
规范化施工管理工地建设指南
（2021 版）

安徽省水利水电行业协会　组织编写

中国建材工业出版社

图书在版编目（CIP）数据

安徽省水利建设工程规范化施工管理工地建设指南：2021版/安徽省水利水电行业协会组织编写．--北京：中国建材工业出版社，2021.3

ISBN 978-7-5160-1118-8

Ⅰ.①安…　Ⅱ.①安…　Ⅲ.①水利工程—施工管理—安徽省—指南　Ⅳ.①TV512-62

中国版本图书馆CIP数据核字（2021）第039413号

内容提要

本指南系对《安徽省水利建设工程规范化施工管理工地建设评选标准》的进一步分解和细化，共分8章，包括工程建设施工中的综合管理、文明施工、质量管理、安全管理、技术管理、进度管理、绿色施工和信息化管理的具体要求。

本指南既可作为水利建设工程施工现场管理指导用书，也可作为水利建设工程项目法人、勘察、设计、施工、监理、检测、咨询、质量监督、安全监督、行政监督等管理人员以及大专院校有关专业师生参考用书。

安徽省水利建设工程规范化施工管理工地建设指南（2021版）
Anhuisheng Shuili Jianshe Gongcheng Guifanhua Shigong Guanli Gongdi Jianshe Zhinan（2021ban）
安徽省水利水电行业协会　组织编写

出版发行：中国建材工业出版社
地　　址：北京市海淀区三里河路1号
邮　　编：100044
经　　销：全国各地新华书店
印　　刷：北京印刷集团有限责任公司
开　　本：787mm×1092mm　1/16
印　　张：6.25
字　　数：160千字
版　　次：2021年3月第1版
印　　次：2021年3月第1次
定　　价：68.00元

本社网址：www.jccbs.com，微信公众号：zgjcgycbs
请选用正版图书，采购、销售盗版图书属违法行为

举报信箱：zhangjie@tiantailaw.com　举报电话：（010）68343948
本书如有印装质量问题，由我社市场营销部负责调换，联系电话：（010）88386906

编写委员会

主　审：周建春

主　编：唐　涛

副主编：单文昌

编写人员：（按姓氏笔画排列）

王维雅　方玉涛　斗　伟　乔业斌　刘　艳

闫　飞　杨新开　张绍虎　陈惠全　陈新宇

金其涛　周志强　单文昌　胡亚娴　钟婷婷

唐　涛　秦怀良　梁顾山

前　言

在水利建设工程发展的新形势下，依据国家有关法律法规和规章、国家和行业有关标准、安徽省水利行业有关政策和标准，对水利建设工程施工现场管理提出了更高的要求，安徽省水利水电行业协会（以下简称“协会”）于2020年5月8日发布了《安徽省水利建设工程规范化施工管理工地评选办法》（以下简称“办法”）。为便于“办法”在具体工程项目上的实施，满足水利建设工程施工现场管理的需要，全面提高施工现场综合管理水平，优质、高效、绿色、规范地完成工程施工任务，协会组织专家编写了《安徽省水利建设工程规范化施工管理工地建设指南》（以下简称《指南》）。

本《指南》按照“办法”中《安徽省水利建设工程规范化施工管理工地建设评选标准》的条目，对现行法律法规和规章、技术标准以及有关政策要求，进行了逐项落实。各章节知识点以条目格式编写，同一概念及工作要求，《指南》力求前后含义保持一致。读者在阅读和使用本《指南》时，《指南》中列示的法律法规和规章以及有关技术标准和政策，应以适时更新的要求为准。《指南》中列示的有关临时设施、图纸和图样为参考格式，在实际使用时，宜根据工程实际情况分析、优化后采用；对于有关结构，需根据有关技术标准进行必要的设计，确保结构使用安全。

本《指南》编写过程中得到安徽省水利厅及相关处室、安徽省水利水电工程基本建设管理局、安徽省水利厅水利工程质量监督中心站、安徽水利开发有限公司、安徽水安建设集团有限公司、淮河水利水电开发有限公司等单位给予的大力支持和帮助，在此一并致以衷心的感谢。

本《指南》编写过程中，参考了许多文献资料和一些单位的施工项目管理经验，在此对文献资料的作者和经验的创造者表示诚挚的感谢。由于水平有限，书中难免有不妥之处，恳请读者批评指正，以便再版时修改完善。

编　者

2020年11月

目　　录

第一章　综合管理

第一节　党建工作

编制依据：

《中国共产党章程》（2017 年修改）

《中国共产党支部工作条例（试行）》（2018 年 10 月 28 日施行）

《关于实行党风廉政建设责任制的规定》（中发〔2010〕19 号文）

《中国共产党基层组织选举工作条例》（2020 年 7 月 13 日发布）

一、项目部党建工作内容

（一）基本要求

项目部建立党支部（联合党支部）或党小组，开展基层党组织建设。落实党风廉政建设规定，开展廉政文化、干部职工遵纪守法宣传，杜绝严重违法违纪和腐败现象发生。

（二）基层党组织设置

（1）为期 6 个月以上的工程项目，凡是有正式党员 3 人以上的，应当成立党支部。党员组织关系不转接的，经上级党组织批准，可以成立临时党支部。

（2）正式党员不足 3 人的单位，按照地域相邻、行业相近、规模适当、便于管理的原则，可成立联合党支部。联合党支部覆盖单位一般不超过 5 个。

（3）为便于组织开展活动，经上级党组织批准，可在项目部设置党小组，并设立党小组组长。

（三）开展组织生活

（1）党支部要充分发挥战斗堡垒作用，加强党员教育管理，规范党内组织生活，认真开展“三会一课”、民主评议党员、组织生活会、党员活动日等，促进本项目部按时按质完成各项工作任务。

（2）临时党支部主要组织党员开展政治学习，教育、管理、监督党员，对入党积极分子进行教育培养等，一般不发展党员、处分处治党员，不收缴党费，不选举党代表大会代表和进行换届选举。

（3）党小组主要落实党支部工作要求，完成党支部安排的任务。党小组会一般每月召开 1 次，组织党员参加政治学习、谈心谈话、开展批评和自我批评等。

（四）党风廉政建设

（1）党支部专设纪检委员。党小组有专人负责纪检工作。

（2）与上级党组织签订了《党风廉政建设责任书》或《廉洁自律责任书》。

（3）加强廉政文化建设。认真开展党性党风党纪和廉洁从业教育，组织党员、干部学习党风廉政建设理论和法规制度；利用爱国主义教育基地、廉政教育基地等的作用，开展廉政文化创建活动。有学习、活动记录。

（4）干部职工遵纪守法，无严重违法违纪和腐败现象发生。

建立党支部工作流程（参考）

1. 由单位（项目部）向上级党组织提出建立党支部的请示报告。申明建立党组织的条件、组织形式及人员构成情况，报送上级党组织审批。

↓

2. 上级党组织召开会议研究决定并批复。

↓

3. 按照《中国共产党章程》和《中国共产党基层组织选举工作条例》，拟定委员候选人和选举办法，报送上级党组织审批。

↓

4. 上级党组织研究决定并批复。

↓

5. 按照《中国共产党章程》和《中国共产党基层组织选举工作条例》，召开党员大会，组织选举，产生党支部委员会或者不设委员会的党支部书记（正式党员不足7人），并将选举结果报上级党组织备案。

建立临时党支部工作流程（参考）

1. 由单位（项目部）向上级党组织提出建立临时党支部的请示报告。申明建立党组织的条件、组织形式及人员构成情况，报送上级党组织审批。

↓

2. 上级党组织研究审批，出具批复手续，并指定临时党支部书记及委员。

备注：拟建立联合党支部参照本工作流程履行相关审批手续。

【参考文本1】

关于成立中国共产党××（临时、联合）支部委员会的报告

（供参考）

（上级党组织名称）：

我项目部现有党员××名，其中正式党员××人，预备党员××人。为了更好地对党员进行教育和管理，充分发挥基层党组织和党员在单位中的作用，根据党章“凡有正式党员3人以上，经上级党组织批准，可成立党支部”的规定，经研究决定，拟成立中国共产党××（临时、联合）支部。支部设委员×名，其中书记1名（副书记1名视情况配备）。

特此报告。

附：党员花名册

××（单位名称）（盖章）

×年×月×日

××（临时、联合）党支部党员花名册

党支部名称：　　　　　　　　　　　　填表时间：　　　年　月　日

序号	姓名	性别	民族	出生年月	入党时间	参加工作时间	文化程度	现任职务	备注
1	×××								
2	×××								
3	×××								
4	×××								
5	×××								
6	×××								
	……								

【参考文本 2】

关于召开中国共产党××（支部、联合支部）党员大会的请示

（上级党组织名称）：

我××现有党员××名，预备党员××名。根据《中国共产党章程》和上级党组织有关规定，经×年×月×日××（支部、联合支部）委员会研究决定，拟于×年×月召开××党员大会进行选举。现就选举有关事项请示如下：

一、指导思想

以马克思列宁主义、毛泽东思想、邓小平理论、“三个代表”重要思想、科学发展观、习近平新时代中国特色社会主义思想为指导，认真学习贯彻党的十九大、十九届二中、三中、四中、五中全会和习近平总书记系列重要讲话精神，总结过去×年的工作任务，选举产生新一届××（支部、联合支部）委员会，带领全体党员不忘初心，牢记使命，进一步增强党的凝聚力和战斗力，发挥党支部战斗堡垒作用，以实现××目标。

二、时间地点

拟于×年×月×日在××（地点）召开，会期×天。

三、主要议程

选举新一届中国共产党××（支部、联合支部）委员会。

四、第一届（支部、联合支部）委员会组成人员名额和候选人名额

第一届（支部、联合支部）委员会拟设委员×名，提名委员候选人×名；拟设书记 1 名，副书记×名（候选人×名）。

五、选举办法

1. ××（支部、联合支部）委员会委员，由党员大会采取候选人数多于应选人数20%的差额比例选举产生。

2. ××（支部、联合支部）委员会书记、副书记由××（支部、联合支部）委员会第一次全体会议实行等额选举产生。

3. 以上选举均采用无记名投票方式。

妥否，请批示。

中国共产党××（支部、联合支部）委员会
×年×月×日

【参考文本 3】

关于中国共产党××（支部、联合支部）委员会
组成人员候选人预备人选的请示

（上级党组织名称）：

根据《关于同意召开中国共产党××（支部、联合支部）党员大会的批复》精神和有关规定，我××委员会和全体党员对第一届（支部、联合支部）委员会委员、书记、副书记候选人初步人选进行了推荐、酝酿。结合上级党组织的推荐，我们经集体讨论，确定了中国共产党××（支部、联合支部）委员会组成人员候选人预备人选。现就有关

事宜请示如下：

一、经××党委批准，中国共产党××（支部、联合支部）委员会由××人组成，其中，书记1人（副书记×人）。按照差额比例不低于××%的要求，我们提出×××、×××等×名同志为委员候选人预备人选（差额×名，差额比例为××%）；书记（副书记）实行等额（差额）选举，我们提出×××同志为书记候选人预备人选（××等同志为副书记候选人预备人选）。

二、上述人选的考察情况。（略）

妥否，请批示。

附：《中国共产党××（支部、联合支部）委员会组成人员候选人预备人选名单》

中国共产党××（支部、联合支部）委员会
×年×月×日

【参考活动记录】

××年第×次党员主题实践活动开展情况记录

活动时间	年　月　日	活动地点	
活动主题			
主持人			
活动内容			
会议记录			

第二节　规范化工地建设方案

编制依据：

《建设工程项目管理规范》（GB/T 50326—2017）

规范化工地建设方案内容：

开展规范化工地管理应事先编制规范化工地建设方案，一般包括以下内容：

（1）工程概况。项目的主要内容、施工环境和周边条件。

（2）施工管理执行的法律、法规、规范、标准与规程。

（3）管理目标。工期、质量、安全、文明施工、绿色施工、技术创新等管理目标和实施要求。

（4）对工程特点、重点和难点的认识。

（5）施工管理组织建设与职责。

（6）项目管理制度。

（7）施工部署。施工区、段和分部工程划分，施工空间组织和工期安排，主要施工方法，施工平面布置。

（8）施工现场综合管理要求。

（9）施工技术、质量管理要求与措施。

（10）施工安全管理与应急处置措施。

（11）文明施工、绿色施工管理要求与措施。

（12）党建、企业 CI 形象管理与项目部办公、生活秩序。

（13）施工进度与合同履约管理要求。

（14）施工现场智能管理与技术创新要求。

（15）与项目实施相关方沟通、协调的要求，对外接待活动管理。

（16）规范化工地创建自评组织与要求。

第三节　施工项目部管理体系

编制依据：

《建设工程项目管理规范》（GB/T 50326—2017）

一、项目部设置

施工单位应成立项目部并以企业文件印发，任命项目经理、技术负责人、质量负责人、安全负责人等主要管理人员。关键岗位人员应持有相应的执业资格证书或技术职称证书，执业资格证书注明的单位名称与本人工作单位一致，并处于有效期内。

二、项目部建立健全技术、质量、安全管理体系

1. 项目部管理组织结构（参考格式）

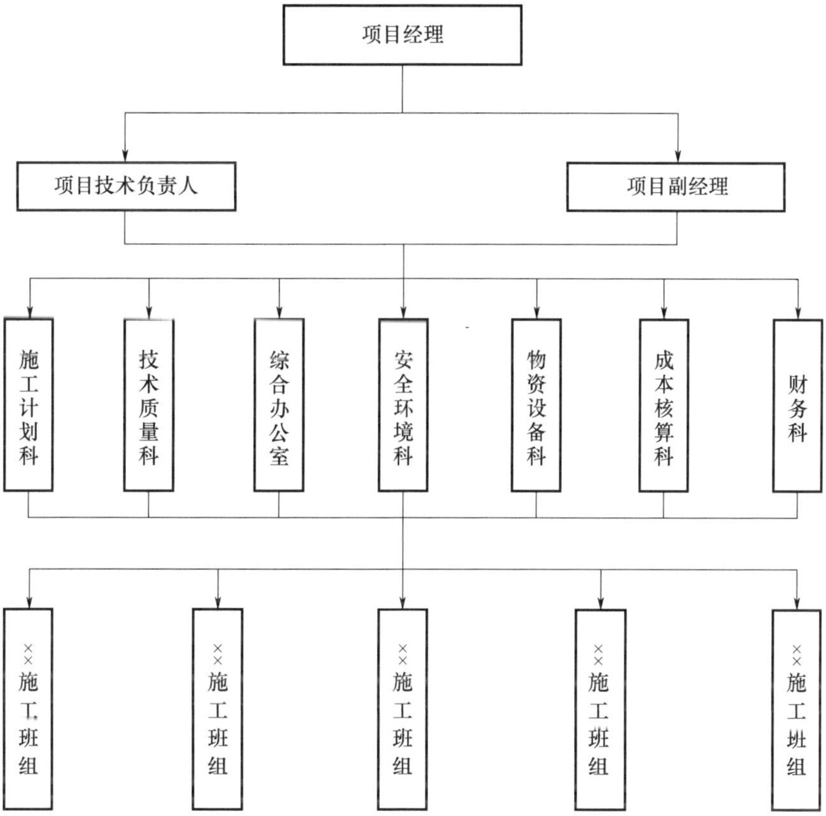

2. 质量管理体系（参考格式）

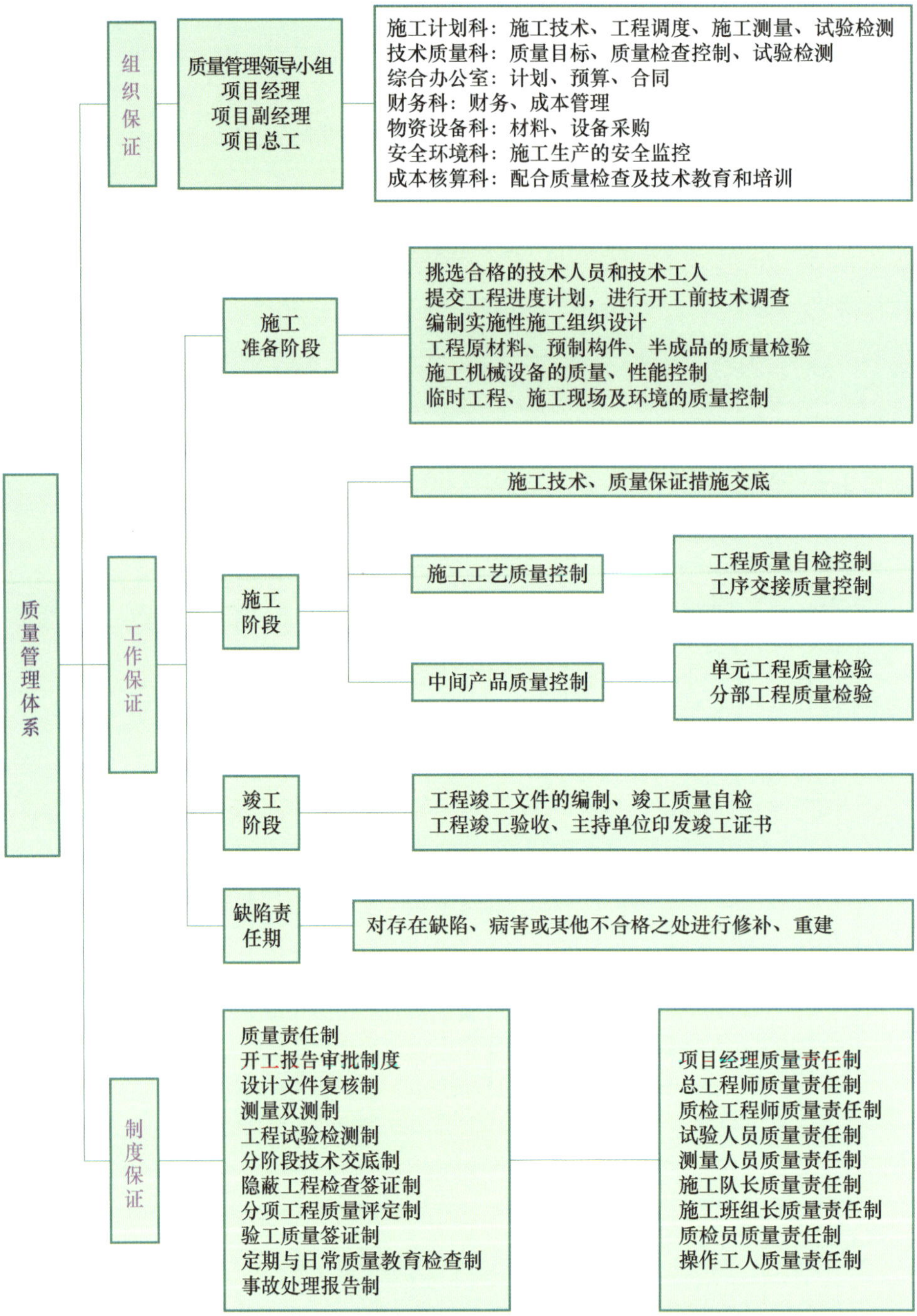

3. 安全管理体系（参考格式）

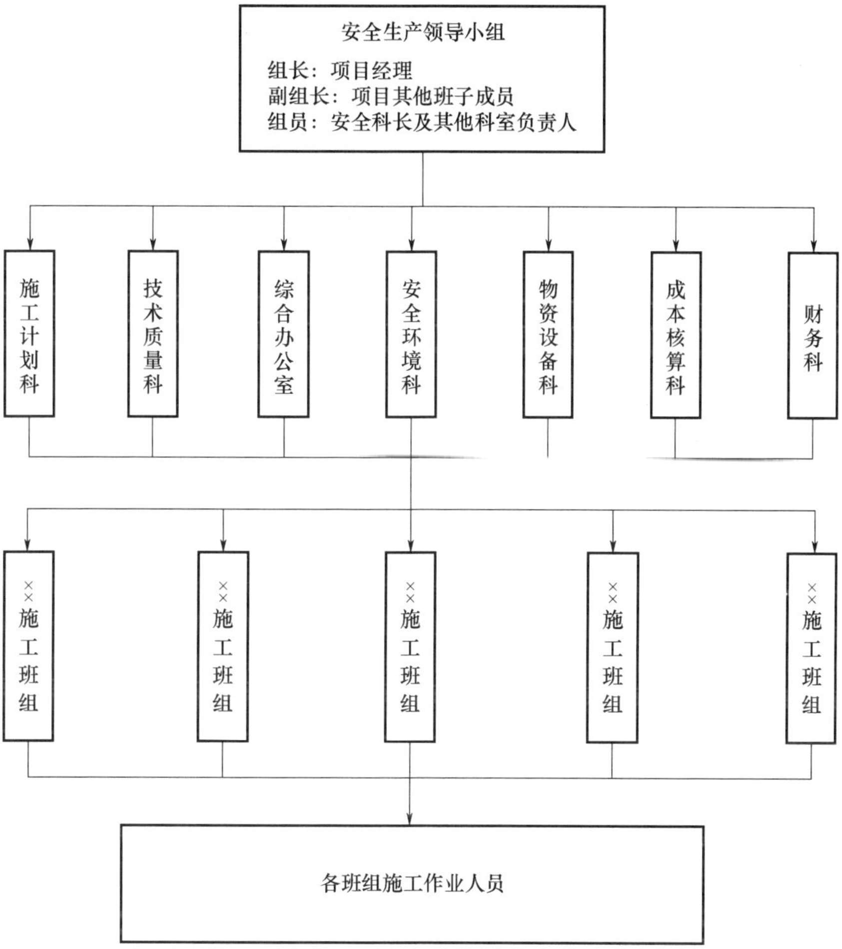

4. 技术管理体系（参考格式）

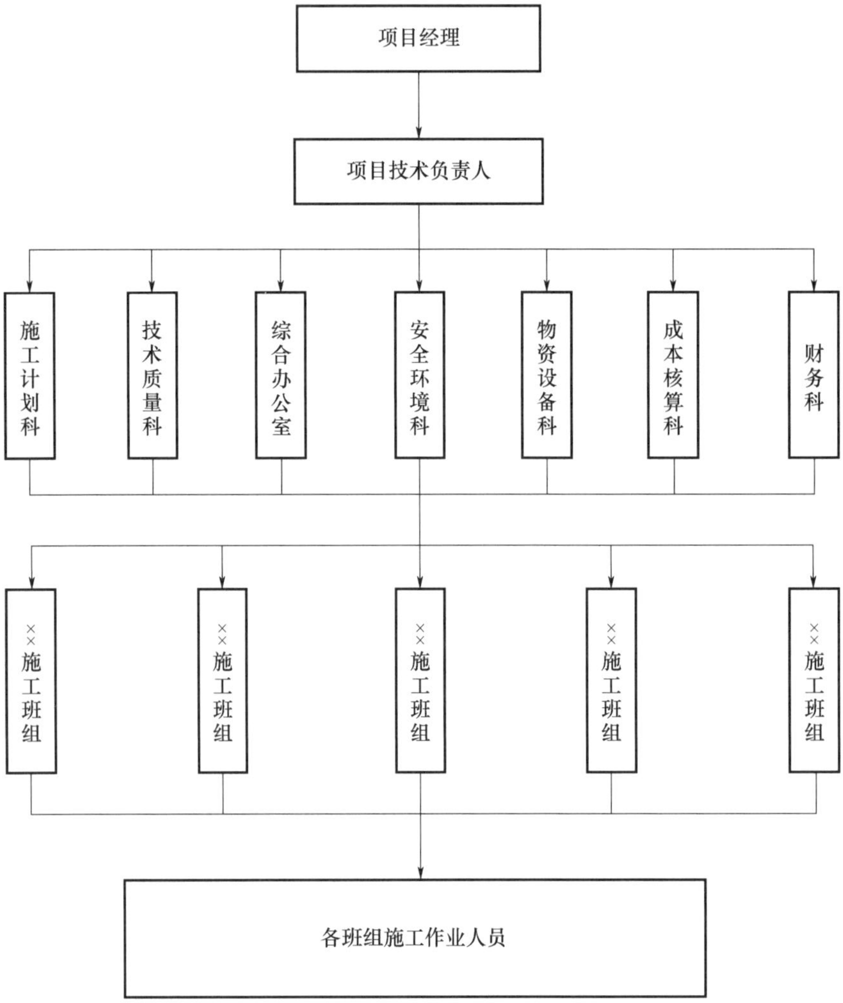

第四节　现场人员管理

一、施工单位与项目部现场管理人员签订规范的劳动合同，并具有有效的社保证明

（1）按照《中华人民共和国劳动法》及《中华人民共和国劳动合同法》要求，劳动合同中应当具备用人单位的名称、住所和法定代表人或者主要负责人；劳动者的姓名、住址和居民身份证或者其他有效身份证件号码；规定劳动合同期限、工作内容和工作地点、工作时间和休息休假、劳动报酬、社会保险、劳动保护、劳动条件和职业危害防护及法律、法规规定应当纳入劳动合同的其他事项。

（2）劳动合同必须双方签字并加盖施工单位公章。

二、项目部人员管理要求

（1）项目部主要管理人员：项目经理、技术负责人、施工员、质检员、安全员等按投标文件承诺上岗履约。

（2）项目经理、技术负责人、施工员、质检员、安全员均持证上岗，具有符合招标文件规定的职称、资格证书，做到人、证相符，且岗位证书有效。

（3）有岗位管理人员变更的，需按要求履行同意变更的手续。

（4）现场主要管理人员要统一佩戴岗位胸卡。胸卡尺寸 7cm×10cm，如图 1-1 所示（参考格式）。

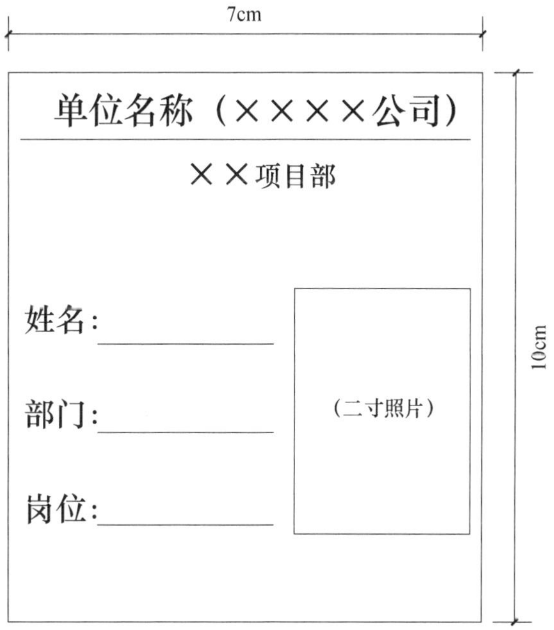

图 1-1　胸卡式样

第五节　项目管理制度

编制依据：

《建设工程项目管理规范》（GB/T 50326—2017）

《建筑与市政工程施工现场专业人员职业标准》（JGJ/T 250—2011）

一、总体要求

项目部有健全的管理制度：岗位责任制度、目标考核制度、技术管埋制度、质量检验制度、安全管理制度、财务资金管理制度、操作规程等。

二、相关制度

（一）岗位职责

1. 项目负责人主要职责

（1）主持项目经理部工作，代表企业实施施工项目管理，贯彻执行国家法律、法规、方针、政策和强制性标准，执行企业的管理制度，维护企业的合法权益。

（2）执行企业对项目下达的各项管理目标和规定的任务。

（3）组织编制项目管理实施规划和各项管理制度。

（4）对进入现场的施工人员、施工机具、建筑材料等生产要素进行优化配置和动态管理，抓好项目关键岗位人员和特种作业人员到岗履职管理。

（5）建立质量管理体系和安全管理体系，按照《施工企业安全生产管理规范》（GB 50656—2011）、《工程建设施工企业质量管理规范》（GB/T 50430—2017）等组织实施标准化工作，进行现场文明施工管理，发现和处理突发事件。

（6）在授权范围内负责与企业管理层、劳务作业层、各协作单位、发包人、分包人和监理工程师的协调和过程控制，解决项目施工过程中出现的问题。

（7）参与工程竣工验收，准备结算资料和分析总结，接受审计。

（8）处理项目部的善后工作。

2. 项目技术负责人主要职责

（1）主持项目的技术管理。

（2）主持制订项目技术管理工作计划。

（3）按规定查验和接收经过审查的施工图纸，参加图纸会审和设计交底，并对结果进行确认。

（4）组织有关人员熟悉与审查施工图纸，主持编制项目管理实施规划的施工方案并组织落实。

（5）负责技术交底。

（6）组织做好测量放样及其核定工作。

（7）指导质量检验和试验工作。

（8）组织编制和报审施工组织设计、重大危险源识别及风险评价和控制方案、专项施工方案，审核作业指导书并组织实施；有分包单位的，负责督促落实分包单位的相应工作。

（9）参加工程验收，处理质量安全问题。

（10）组织各项技术资料的签证、收集、整理和归档。

（11）组织技术学习、交流技术经验。

（12）组织进行技术攻关。

3. 施工员主要职责

（1）参与施工方案的编制。

（2）编制施工分项工期计划并报项目经理审定。

（3）熟悉并掌握施工图纸、图纸会审纪要、设计变更，以及相关分项施工规范、规程、质量标准和施工工艺，按施工专项方案、技术要求和施工程序，制订专项工程的作业指导书，向班组工人进行技术交底并负责组织和指导实施。

(4) 合理调配专业劳动力，掌握工程进度、安全和质量动态，组织操作工人进行质量自检、互检；及时做好工程施工记录、隐蔽工程记录和签证，逐日填写施工日志。

(5) 检查班组的施工质量，制止违反工序要求和规范的行为。

(6) 参与外部单位（主管部门、建设、监理）和上级组织的质量检查评定工作，并协助办理隐蔽和签证手续。

(7) 对因施工质量造成的损失，要迅速调查、分析原因、评估损失、制订纠正措施和方法，经批准后及时组织实施，做到场地清洁，材料堆放整齐有序。

(8) 负责现场专项工程文明施工及安全措施的实施。

(9) 完成项目经理交办的其他任务。

4. 安全员主要职责

(1) 在施工前，根据工程项目的特点，依照项目重大危险源辨识、风险评价和控制方案及专项施工方案，向项目部提出重要环节、重点部位的安全生产防范建议。

(2) 在施工过程中必须到现场跟踪巡查，定期查验特种作业人员持有效证件上岗情况和人员、证件与单位相符情况，施工现场与专项施工方案相符情况。

(3) 加强对分包单位的安全管理，对施工作业人员进行安全教育和培训，检查分包单位人员持有效证件上岗履职和专项施工方案编制与执行情况。

(4) 严把施工全过程的安全控制，加强对施工现场重大危险源的监控管理，并按规范做好安全记录，建立隐患台账。

(5) 加强对施工现场的检查，及时制止违章指挥、违章操作行为，及时发现、纠正、督促整改事故隐患，并报告项目负责人。

(6) 对建设管理部门及其安监机构、现场监理部和施工企业在各类检查中发现的安全生产问题认真督促整改落实。

(7) 及时向企业安全管理机构报告项目部安全生产情况。

5. 质量员主要职责

(1) 熟练掌握并执行国家和行业颁布的建筑安装工程质量检评标准和规范，代表上级质检部门对工程质量状况行使监督检查职权。

(2) 负责专项工程质量检查，随时掌握各分项工程质量情况；负责对分包工程的工序交接，原材料、半成品和工程配套设备检验、试验的监控。

(3) 负责对工程项目的分部工程质量情况进行评定，建立工程质量档案，定期向技术负责人和上级质量检验部门上报质量情况。

(4) 对不合格项要及时上报技术负责人和上一级质量检验部门，协助施工员制订纠正措施并实施，协助有关人员进行损失评估和质量处罚；出现重大质量事故及时报告上级有关部门并配合做好处理工作。

(5) 参加施工组织设计、施工方案的会审，监督工程质量和文明施工等措施的实施，做好质量记录；参加质量回访工作，受理用户投诉，及时向主管部门传递质量不合格信息，并会同技术负责人、施工员等进行评审处理。

(6) 抓好质量教育，及时纠正质量事故苗头，积极协助开展工程创优评优工作。

(7) 完成项目经理和上级质量管理部门交办的其他任务。

6. 取样员主要职责

（1）制订见证取样方案。按施工进度计划和材料总量，编制质量检查取样方案，取样方案经项目技术负责人审查后报监理单位审批。

（2）现场取样。按照取样方案，负责对现场取样试样的抽取、制作；负责将试样信息及时传送给见证员，并协助见证员进行试样唯一性标识。

（3）建立进场材料和取样台账。取样员应对进场建筑材料、构配件、设备建立台账，台账要记录生产厂家、品种、规格、数量、批次、使用部位以及检测结果、处置情况等信息；台账应具有可追溯性，按照取样时间顺序连续编号，不得空号、重号。

（4）负责处理和报告不合格检测项目的处理情况。当检测试验结果为不合格时，取样员应立即报告施工单位项目经理和技术负责人；按有关技术规范和设计文件，配合见证员做好退场、更换、返工或加固处理工作，在取样台账中注明处置情况，并将处置情况报项目经理和技术负责人。

（5）完成项目经理交办的其他任务。

7. 材料员主要职责

（1）按施工进度计划和材料总体需用量计划，结合现场实际进度和存货情况，编制材料分阶段使用计划，并向材料供应单位报送。

（2）负责落实材料半成品外加工订货的质量要求和供应时间。

（3）规定现场材料领用办法及重要物资的贮存保管计划。

（4）对进场材料的规格、质量、数量进行把关验收，按要求进行关键材料见证取样。

（5）负责现场料具的验收、保管、发放工作，按现场平面布置图做好料具堆放工作。

（6）做好领料单的审核、发料和结算工作，建立工程材料消耗台账，制订降低材料消耗的措施并监督执行，严格控制工程用料。

（7）负责现场零星材料的采购工作。

（8）做好对分包单位及业主提供物资的登记、检查和验收手续。

（9）及时收集进场材料相关资料的原始记录，按时、全面、准确上报各项资料。

（10）完成项目经理交办的其他任务。

8. 资料员主要职责

（1）协助制订和建立施工资料管理计划及管理规章制度。

（2）负责建立施工资料收集台账。

（3）负责施工资料、竣工图及竣工验收资料的收集、审查、整理、立卷、归档、封存和安全保密工作。

（4）负责提供管理数据、信息资料。

（5）负责施工资料、竣工图及竣工验收资料的验收与移交。

（6）协助建立施工信息管理系统并负责施工信息管理系统的运行、服务和管理。

（二）目标考核制度

（1）由企业相关的管理职能部门，每季度对项目部的施工管理能力和合同履约情况进行全面的考核评分。

（2）目标考核的内容如下：

① 项目部的管理组织建设和施工管理人员的履责情况。

② 项目部对企业的管理要求和作业要求的执行情况。

③ 项目部管理团队的团结、激情和与外部协作方的和谐沟通情况。

④ 合同履约与工程变更管理情况。

⑤ 项目部施工技术管理情况（附考核表）。

⑥ 项目部施工质量管理情况（附考核表）。

⑦ 项目部施工安全、文明施工管理情况（附考核表）。

⑧ 项目部进度计划安排、实施、纠偏管理情况。

⑨ 精神文明与廉政建设考核。

⑩ 绿色施工实施考核评价。

⑪ 农民工管理、安全教育、工资发放情况考核。

（三）质量检验制度

明确项目部、施工队、施工班组对工程质量检查与验收的职责和程序，并对检查、验收、质量问题处理做出规定。工程有分包的，原则上总承包施工单位对分包单位评定合格的单元工程进行逐项审核抽查，满足要求后报监理单位复核。

（四）安全管理制度

施工单位结合本单位实际，建立健全安全生产规章制度体系。安全生产规章制度应包括但不限于：1. 目标管理；2. 安全生产责任制；3. 法律法规标准规范管理；4. 安全生产承诺；5. 安全生产费用管理；6. 意外伤害保险管理；7. 安全生产信息化管理；8. 安全技术措施审查管理（包括安全技术交底及新技术、新材料、新工艺、新设备）；9. 文件、记录和档案管理；10. 安全风险管理、隐患排查治理；11. 职业病危害防治；12. 安全教育培训；13. 班组安全活动；14. 安全设施与职业病防护设施“三同时”管理；15. 特种作业人员管理；16. 设备设施管理；17. 交通安全管理；18. 消防安全管理；19. 防洪度汛安全管理；20. 施工用电安全管理；21. 危险物品和重大危险源管理；22. 危险性较大的单项工程管理；23. 安全警示标志管理；24. 安全预测预警；25. 安全生产考核奖惩管理；26. 相关方安全管理（包括工程分包方安全管理）；27. 变更管理；28. 劳动防护用品（具）管理；29. 文明施工、环境保护管理；30. 应急管理；31. 事故管理；32. 绩效评定管理。

（五）财务资金管理制度

（1）项目部应建立健全财务管理制度，严格控制非生产性开支，加强人工、材料、机械、办公物品的管理。

（2）配备相关专业人员，严格控制项目资金支出，做到专人专账、专款专用，不得挤占、挪用、截留项目资金。

（3）筹集资金和有效使用资金，监督资金正常运行，维护资金安全。

（4）做好财务管理基础工作，建立健全财务管理制度，认真做好财务收支的计划、控制、核算、分析和考核工作。

（5）加强财务核算管理，提高会计信息的及时性和准确性。

（6）编制各类会计报表和财务说明书，做好财务分析工作。

（六）安全操作规程

（1）施工单位应编制各工种和机械设备安全操作规程，安全操作规程可采取展板形式展示，并用标牌展示在相应的机械设备旁，以警示教育操作工人。

（2）新技术、新材料、新工艺、新设备投入使用前，施工单位应组织编制或修订相应的安全操作规程，并确保其适宜性和有效性。

（3）项目部应将适宜本项目的安全操作规程发放到每一个操作人员手中，并有发放记录。

（七）技术管理制度

1. 施工图纸收发、会审、交底制度

（1）接收的施工图已经审图合格，且经监理单位签字、盖章。

（2）施工图纸由资料员签收，在图纸上加盖“文件资料核准章”登记造册、归档。

（3）施工图纸由项目技术负责人签批，资料员发放，并形成《图纸收发记录》，资料室归档存放1～2套备查。

（4）项目技术负责人组织施工管理技术人员阅读施工图，进行施工图纸预审、会审，并对施工操作人员进行图纸交底。

（5）施工图交底、会审应形成文字记录。

（6）图纸会审发现的错误，应以书面形式报告监理方、设计方。

（7）项目技术负责人应参加建设单位组织的施工图设计交底。

2. 施工规范、技术标准、规程辨识管理制度

（1）工程施工以施工、质量验收规范和技术标准、操作规程为准绳，项目部要有受控的、适用的施工规范和技术标准。

（2）施工规范、质量验收规范是施工管理、操作的依据，其中的强制性条文必须严格执行。

（3）项目技术负责人辨识本项目适用的《技术标准、规范清单》，并组织施工管理人员学习施工规范、技术标准。

（4）资料员归档、保管技术标准和施工规范、质量验收规范，借阅需登记形成《文件借阅记录》。废止的标准、规范，在封面盖“作废”印章，单独存档。

3. 施工组织设计、专项施工方案编制、审批制度

（1）施工组织设计由项目经理组织，按国家规范、行业标准、企业的技术标准进行编制。要求计算公式和技术指标正确；文字通顺流畅，内容简明扼要，结论正确。

（2）危大工程由项目技术负责人辨识，形成危大工程项目清单，超危大工程应备注标明。危大工程专项施工方案由项目技术负责人或专业技术人员组织编写。

（3）施工组织设计和危大工程专项施工方案由企业的技术负责人审批，项目技术负责人对施工管理人员进行技术交底。

（4）超危大工程专项施工方案由企业技术负责人组织专家论证，论证通过后实施。

（5）施工组织设计涉及平面布置、施工工艺、施工方案、主要机具变更的，需履行报批手续。

（6）临时用电专项方案由项目技术负责人组织专业人员编制。

（7）季节性施工方案由项目技术负责人按项目所在地的自然气候、地理特点编制。

4. 施工控制测量、计量、检测复核制度

（1）施工测量仪器和工具的性能，应满足项目的技术要求。

（2）施工测量仪器和工具，需经法定计量检测单位检验合格。

（3）施测人员的业务能力，应满足项目的技术要求。

（4）编报施工控制测量专项方案。

（5）建立施工测量平面、高程控制网；妥善保护控制点、桩。

（6）项目技术负责人应对施工控制测量进行复核。

（7）施测人员的观测手簿，按月整理交资料员归档、保管。

（8）建立计量器具配置台账，按期进行检验，保证计量有效。

（9）计量器具应妥善管理，防雨、防震、防晒。

（10）计量、检测数据实时记录，妥善保存，书面报告出具规范。

5. 施工组织设计、专项施工方案等技术交底制度

（1）项目技术负责人向施工管理人员交底，施工管理人员向班组工人交底。

（2）项目技术负责人的交底内容。工程内容与特点，技术标准，施工方案与施工顺序，进度安排，质量验收标准，质量、安全控制措施。

（3）对操作工人的交底内容。技术标准、施工规范、质量验收规范、操作规程、作业环境条件、劳动纪律、安全注意事项。

6. 设计变更、工程变更等技术管理制度

（1）设计变更单由资料员签收，设计变更内容可在原图修改的，由资料员统一修改并注明变更单编号，盖更改图章。

（2）设计变更内容若为变更图纸，由资料员签收登记，技术负责人签批，发放范围覆盖施工图原发放的相关部门。

（3）施工单位提出的工程变更，由项目技术负责人拟稿，项目经理签批后，资料员上报，经监理单位、建设单位、设计单位签字后方可实施。

（4）工程变更涉及设计施工图纸变更的，管理办法同设计变更。

7. 施工配料、加工等技术复核制度

（1）钢筋制作加工配料单应由专业技术人员或质量员审核。

（2）混凝土拌合物等中间产品的配合比单由试验人员出具，质量员或项目技术负责人复核。

8. 材料检验试验制度

（1）试验人员编报工程检验、试验计划和见证取样、送检计划，技术负责人复核。

（2）使用的试验仪器、量测器具，须经计量、检验合格。

（3）试验、检测活动（材料试验、工艺性试验、现场试验）依规进行，数据真实。对外委托检测机构资质要求符合规定。

（4）试验人员及时进行试验数据分析，真实记录工作台账和日常文簿，试验资料按月归档。

9. 施工记录和隐蔽工程影像记录管理制度

（1）施工日志、施工大事记填写真实、准确、完整。

（2）混凝土浇筑施工、地基防渗工程施工记录真实、准确、完整。

（3）隐蔽工程、重要部位施工操作有影像记录。

10. 新技术应用、技术创新与技术总结管理制度

（1）积极采用企业推广应用的新技术、新工法。

（2）及时总结施工中解决的实际难题、QC小组活动成果，分类、分阶段编写技术总结。

11. 技术资料、竣工文件管理制度

（1）专人收集、整理、立卷、归档工程技术资料。

（2）及时收集和保管施工过程技术资料，技术资料整理归档与工程进度同步，技术资料真实、完整，签字盖章齐全。

（3）项目技术负责人组织编写施工管理技术总结，移交竣工验收档案资料。

（八）其他管理制度

第六节　合同履行评价

编制依据：

《安徽省水利厅关于开展水利工程建设施工合同履行评价工作的通知》（皖水基函〔2013〕605号）

一、合同履行评价要求

（1）施工合同履行情况，主要包括：人员和设备到位、工程进度、质量及安全管理等方面情况。

（2）评价等级按优秀、良好、一般和较差四个档次确定，得分≥90分为“优秀”档次、80≤得分<90为“良好”档次、70≤得分<80为“一般”档次、得分<70为“较差”档次。

二、合同履行评价主要内容

（1）现场管理人员必须与投标书人员一致。

（2）主要机械设备按照施工进度同步进场。

（3）工程施工过程中无转包、挂靠、非法分包等行为发生，合法分包合同，合同内容合法有效。

（4）工程进度满足专用合同条款节点工期的要求。

（5）项目部关键岗位人员到岗履责，月出勤天数不少于22天。

（6）质量管理体系制度健全。

（7）施工记录完整，资料及时归档，工程签证齐全，签字手续完备。

第七节 农民工工资支付保障

编制依据：

《保障农民工工资支付条例》（国务院令 724 号）

相关工作要求如下：

（1）农民工录用进行实名制登记、造册。岗前培训教育合格后方可录用。进场作业采取人脸识别技术，记录出勤情况。

（2）用人单位与农民工签订书面合同，约定工资支付标准、支付时间、支付方式等内容。

（3）施工现场醒目位置设立农民工维权信息告示牌，告示监督单位名称、投诉电话、用于支付农民工工资而存储的工资保证金名称，如图 1-2 所示（参考格式）。

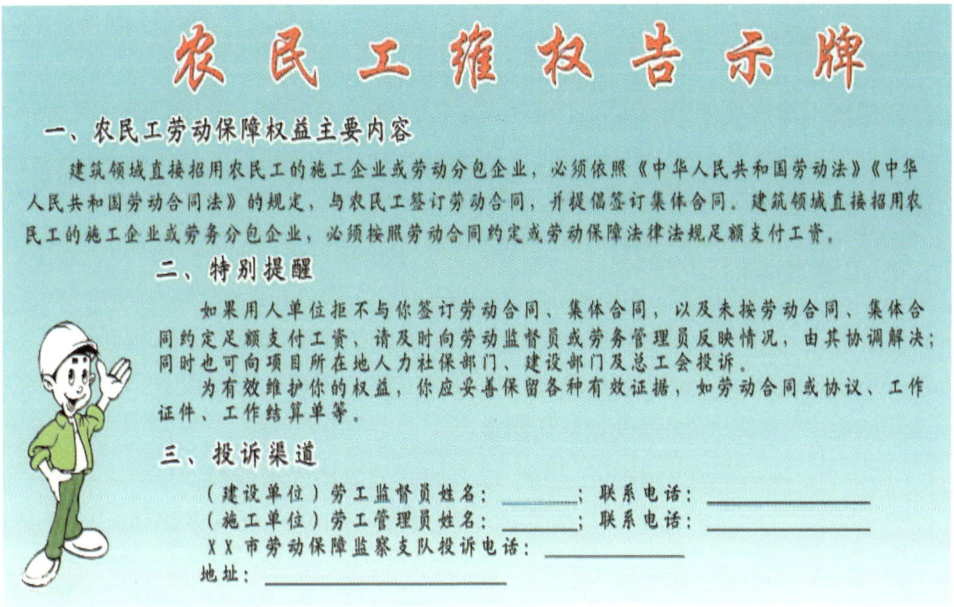

图 1-2 农民工维权信息告示牌

（4）由劳动专管员管理支付农民工工资，并建立工资发放签字台账。台账包括：用人单位名称、支付周期、支付日期、支付姓名、身份证号码、联系方式、工作时间、应发工资项目及数额、代扣代缴、扣除项目和数额、实发工资数额、银行代发工资凭证、农民工签字等内容。

（5）不得发生欠薪、讨薪及因拖欠农民工工资引发群体性事件。

第二章　文明施工

编制依据：

《建设工程施工现场环境与卫生标准》（JGJ 146—2013）

《建筑施工安全检查标准》（JGJ 59—2011）

第一节　精神文明建设

一、总体要求

努力构建工地内外和谐环境，工程建设多方能够关系融洽、工作协调，无推诿扯皮等影响工程建设的现象发生；工地有良好的文明气氛，有必要的文体生活设施，经常开展文体活动，丰富职工业余文化生活。

二、政治宣教活动

（1）社会主义精神文明是具有中国特色社会主义的重要特征，在工程建设中，项目部不仅要负责工程施工，同时有责任和义务搞好工地的精神文明建设。

（2）按照“六有”标准建设党员活动室：

① 有场所：项目部党组织应有 $15m^2$ 以上的党员活动固定场所。

② 有设施：有一定的设施，包括党员电教设备（如投影仪、多媒体播放设备、笔记本电脑）、桌椅等。

③ 有标志：门牌名称为“党员活动室”。

④ 有党旗：有党旗、誓词、党员权利义务等。

⑤ 有书报：要有一定数量的学习资料。

⑥ 有制度：有明确的管理人员和相应的管理制度。

三、争先创优活动

（1）项目部要成立以项目经理为组长、项目技术负责人和项目副经理为副组长、各科室负责人为成员的创优保障体系，制订创优计划，成立创优领导小组。

（2）应积极开展各类争先创优活动，如：优质工程、文明工地、QC 小组等。

第二节　现场文明施工建设

一、文明施工

（一）总体要求

（1）施工现场应根据工程特点，因地制宜进行布置。施工区、材料加工及堆放区应与办公区、生活区划分清晰，并应采取相应的隔离措施。

（2）施工现场布置应遵循“分区合理、功能齐全、场地整洁、安全环保”的原则，有利于施工管理，应满足安全、节能、防洪、防火及环境保护等要求。

（3）施工现场应建立环境与卫生管理制度，落实管理责任，应定期检查并记录。

（4）保持施工现场干净整洁、标志标牌醒目美观、安全宣传氛围浓厚。

（二）现场出入口规定

（1）现场出入口门头应标有企业名称和企业标志如图 2-1、图 2-2 所示（参考样式）。

（2）建立值班制度，设置门禁打卡设施，实行实名制管理。

（3）施工管理人员进入现场必须佩戴胸牌。

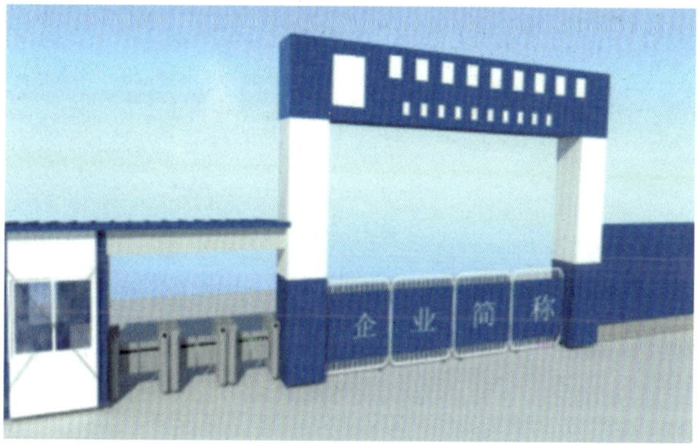

图 2-1　施工现场大门样式（一）

图 2-2　施工现场大门样式（二）

（三）施工围挡要求

（1）根据工程特点及要求设置硬质围挡，鼓励使用工具化、定型化围挡，围挡稳定牢固、整洁美观，围挡外立面设置体现安全文化的图文宣传。围挡应连续设置，不得留有缺口。

（2）围挡高度应不低于1.8m，在市区主要路段的围挡高度应不低于2.5m，距交通路口20m范围内占据道路施工设置的围挡，其0.8m以上部分应采用通透性围挡，并应采取交通疏导和警示措施。围挡应留有固定的出入通道，出入通道口宜设置视频监控系统，专职保卫人员值班，宜使用智能化管理系统，对进出人员实行自动化实时登记，如图2-3～图2-5所示（参考样式）。

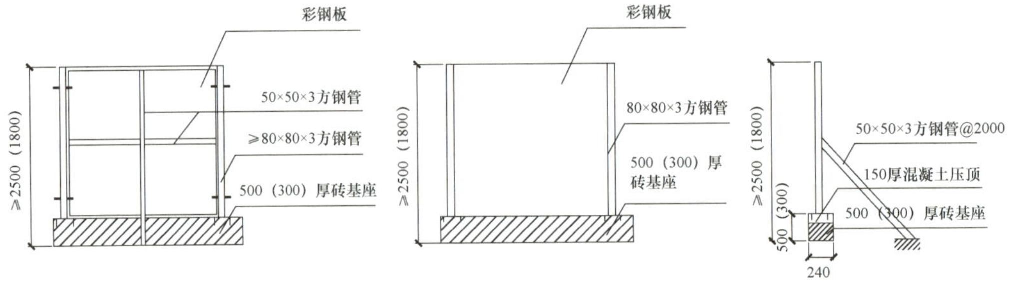

图2-3　围挡设计

图2-4　围挡实景（一）

图2-5　围挡实景（二）

（四）施工区管理

（1）施工现场的出入口及主要道路应硬化，使其平整、通畅。材料、构件、料具堆放应按总平面图进行布置，并配备消防器材。

（2）现场地面采取自然坡度排水，坡度 1.5%～3%，周边应设排水沟，做到雨天场地不积水、不泥泞，晴天不扬尘，如图 2-6 所示（参考样式）。

图 2-6　现场地面

（3）材料堆放区域、加工场应合理选择地点，尽量靠近使用地点，确保运输及装卸方便。

（4）材料堆放及加工场地做到整齐干净，转运畅通，通风良好。

（5）材料堆放整齐，标明名称、规格、型号、产地等。

（6）易燃易爆物品分类储存在专用库房内，并采取防护和防火措施。

（7）各类机具停放位置应合理规划，分区布置，摆放整齐。定期对施工机械设备进行检查维修、保养清洗。施工机械、设备应有明确的标识，包含单位名称、设备型号、编号、施工参数及责任人。

（8）现场排水有规划设计，且实施良好，无严重积水和泥浆、污水、废水外流或堵塞现象发生。

（9）施工污水、废油、废气、粉尘等污染物的排放，采取相应处置措施，不得直接排入河流、湖泊或其他水域中，严禁排入饮用水源附近的土地中，避免对自然环境的破坏。

（五）办公与生活区管理

（1）严禁在尚未竣工的建筑物内办公与住宿，现场临时设施必须采用符合防火规范的材料搭建，不得超过 2 层。

（2）办公区、生活区应保持整洁卫生，由专人管理，会议室、库房和食堂必须设置在一层。

（3）生活区、办公区的通道、楼梯处设置应急疏散、逃生提示标志和应急照明灯。

（4）生活垃圾与施工垃圾不得混放，办公区和生活区应设置封闭式垃圾容器。生活垃圾应分类存放，并应及时清运、消纳，如图 2-7 所示（参考样式）。

图 2-7　生活垃圾分类存放

（5）宿舍内应保证必要的生活空间，室内净高不得低于 2.5m，通道宽度不小于 0.9m，住宿人均面积不小于 2.5m^2。宿舍、休息室必须设置可开启式外窗，保持通风，床铺不应超过 2 层，不得使用通铺。夏季应采取消暑和灭蚊蝇措施，冬季应有采暖和防煤气中毒措施，如图 2-8 所示（参考样式）。

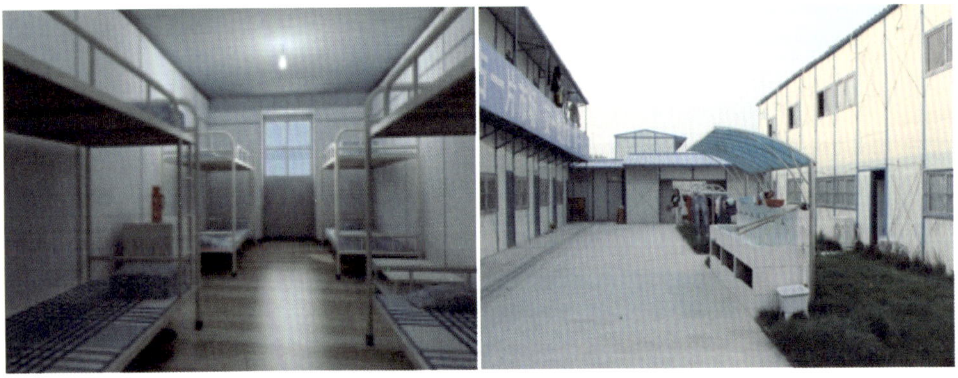

图 2-8　宿舍

（6）食堂应设置在远离厕所、垃圾站、有毒有害场所等污染源 20m 以外的上风口位置，食堂应配备纱门、纱窗、纱罩等，具备清洗消毒的条件，有排风设施、灭蝇灭鼠灭蟑和杜绝传染疾病的措施。炊事人员必须经体检合格并持证上岗，上岗应穿戴工作服、工作帽和口罩，如图 2-9～图 2-11 所示（参考样式）。

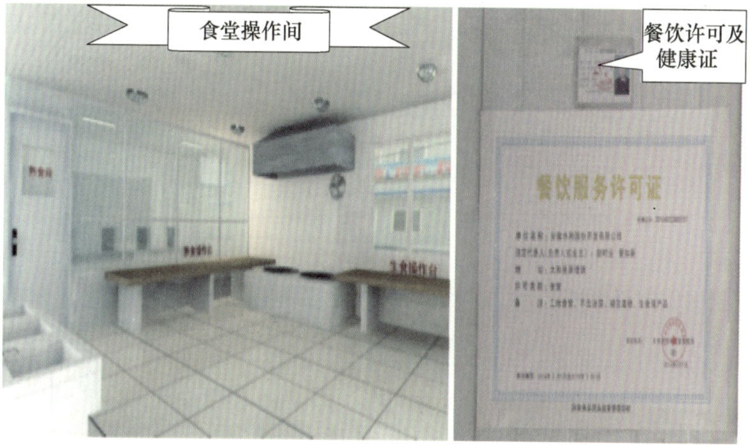

图 2-9　食堂（一）

图 2-10　食堂（二）

图 2-11　食堂（三）

（7）食堂的炊具、餐具和公用饮水器具应及时清洗、定期消毒。食堂应设置隔油池，并定期清理。

（8）淋浴间内设置满足需要的淋浴喷头，供应热水，设置储衣柜或挂衣架，如图 2-12～图 2-14 所示（参考样式）。

（9）施工现场应配备常用药、绷带、止血带及担架等急救器材。

（10）生活区内设置供作业人员学习和娱乐的场所，文体活动室配备文体活动设施和用品。

图 2-12　淋浴间（一）

图 2-13　淋浴间（二）

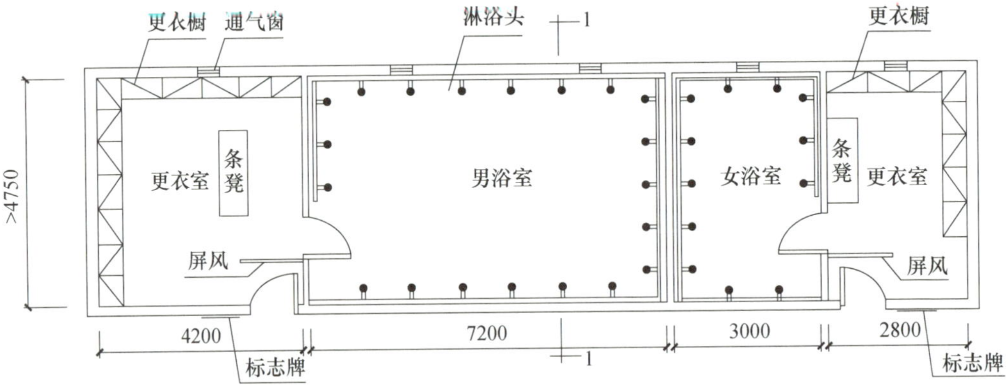

图 2-14　淋浴间设计

(六) 现场消防

(1) 施工现场建立消防安全责任制，制订消防措施。

(2) 施工现场消防器材应可靠有效，布局配置符合现场实际要求，如图 2-15、图 2-16 所示（参考样式)。

(3) 明火作业履行动火审批手续。

图 2-15 施工现场消防器材（一）

图 2-16 施工现场消防器材（二）

（七）标语标牌

（1）现场应设置“六牌一图”、危险源公示牌及农民工维权信息告示牌，在施工现场作业区、加工区、生活区显著位置设置必要的安全标志，也可根据管理要求设立有关宣传标语、企业文化展示牌。“六牌一图”包括以下内容，如图 2-17 所示（参考样式）：

① 工程概况牌；

② 管理人员名单及监督电话牌；

③ 消防保卫牌；

④ 安全生产牌；

⑤ 质量责任终身制公示牌；

⑥ 文明施工牌；

⑦ 施工现场总平面布置图。

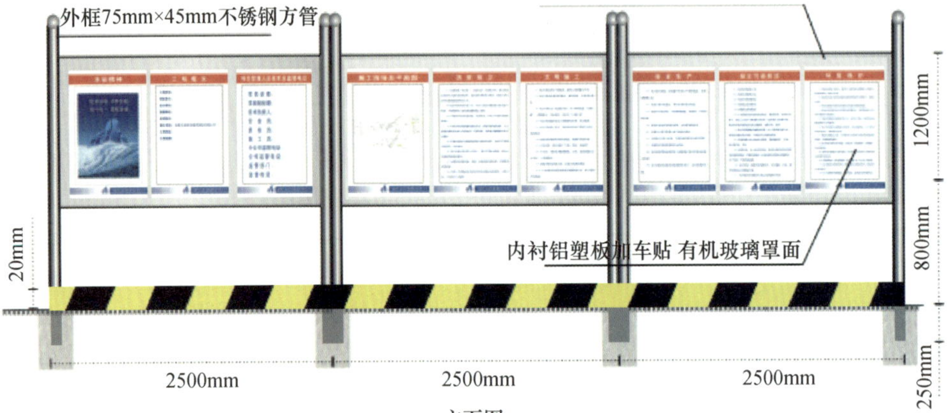

立面图

图 2-17　标牌设计

（2）安全标志牌主要分为警告标志牌、禁止标志牌、指令标志牌、提示标志牌四类，不同类型标志牌同时设置时应按警告、禁止、指令、提示的顺序，先上后下、先左后右排列，如图 2-18 所示（参考样式）。

图 2-18　安全标志牌

第三章　质量管理

编制依据：

《国务院办公厅关于促进建筑业持续健康发展的意见》（国办发〔2017〕19号）

《中共中央 国务院关于开展质量提升行动的指导意见》（中发〔2017〕24号）

《水利工程质量管理规定》（水利部令第7号）

《水利工程质量事故处理暂行规定》（水利部令第9号）

《水利工程质量检测管理规定》（水利部令第36号）

《水利工程建设质量与安全生产监督检查办法（试行）》（水利部水监督〔2019〕139号）

《水利工程建设质量与安全生产监督检查办法（试行）》问题清单（2020版）（水利部办公厅办监督〔2020〕124号）

《关于印发进一步加强水利基本建设工程质量终身责任制管理实施意见的通知》（皖水质函〔2018〕983号）

《工程建设施工企业质量管理规范》（GB/T 50430—2017）

《水利水电工程施工质量检验与评定规程》（SL 176—2007）

《水利水电建设工程验收规程》（SL 223—2008）

《水利水电工程单元工程施工质量验收评定标准 土石方工程》（SL 631—2012）

《水利水电工程单元工程施工质量验收评定标准 混凝土工程》（SL 632—2012）

《水利水电工程单元工程施工质量验收评定标准 地基处理与基础工程》（SL 633—2012）

《水利水电工程单元工程施工质量验收评定标准 堤防工程》（SL 634—2012）

《水利水电工程单元工程施工质量验收评定标准 水工金属结构安装工程》（SL 635—2012）

《水利水电工程单元工程施工质量验收评定标准 水轮发电机组安装工程》（SL 636—2012）

《水利水电工程单元工程施工质量验收评定标准 水力机械辅助设备系统安装工程》（SL 637—2012）

《水利水电工程单元工程施工质量验收评定标准 发电电气设备安装工程》（SL 638—2013）

《水利水电工程单元工程施工质量验收评定标准 升压变电电气设备安装工程》（SL 639—2013）

《水工混凝土施工规范》（SL 677—2014）

《堤防工程施工规范》（SL 260—2014）

《水闸施工规范》（SL 27—2014）

《水利泵站施工及验收规范》（GB/T 51033—2014）
《泵站设备安装及验收规范》（SL 317—2015）
《水利水电工程施工质量检验与评定规范》（DB34/T 371—2014）
《水利建设工程规范化施工管理工地标准》（DB34/T 2388—2015）
《水利工程质量检测规程》（DB34/T 2290—2015）
《钢制焊接常压容器》（NB/T 47003.1—2009）
《水工混凝土标准养护室检验方法》（SL 138—2011）

第一节　检测检验及设备管理

一、总体要求

按合同约定开展原材料、中间产品的质量检测和工序质量的检验，项目现场有必要的检验、测量仪器和设备，检测人员要有相应执业资质。

二、检测检验设备的要求

（1）工序检验所配置的计量器具和检测设备，使用前进行检查验收，按规定的周期检定或校准计量器具，标识相应状态，确保其在有效期内，保存检定或校准记录，检测人员要具备相应的能力。建立计量器具、检测设备管理台账，对计量器具、检测设备进行维护、保养，在使用期内保持其完好状态。

（2）委托检测机构开展检测业务的，检测机构应具备相应的检测资质。

三、材料检验试验制度

（1）技术负责人组织取样，试验人员编报工程检验试验计划和见证取样、送检计划，检测频次满足规范要求。

（2）试验人员及时进行试验数据分析，真实记录工作台账和日常文本，试验资料按月归档管理。

（3）试验结果及时报验。

四、现场试验

项目部设立现场实验室的，应在母体授权范围内开展检测工作，制订试验计划，按试验规程做好各项试验和质量检验工作，准确记录试验数据，保证检测项目和数据的可追溯性。

五、工地实验室

大型水利工程应根据合同要求等在工程现场按规定设立工地实验室，开展质量检测工作，工地实验室应具备以下条件：

（1）工地实验室资质必须满足《水利工程质量检测管理规定》（水利部令36号）的

规定，为甲级资质；

（2）由取得省级计量认证合格证书及水行政主管部门水利工程质量检测机构资质认定的母体实验室授权，明确检测参数、检测人员，按授权的业务范围，配备检测仪器设备，开展检测试验任务，出具试验报告；

（3）按规定配备满足检测任务需要的试验人员，持证上岗；

（4）有温度、湿度等环境控制要求的应满足相关标准规定，养护室应满足《水工混凝土标准养护室检验方法》（SL 138—2011）Ⅰ级养护室的要求；

（5）用于现场检测试验的计量器具应检定合格或校准结果满足要求；

（6）母体实验室应对现场实验室进行管理，并开展内审；

（7）有质量管理手册、程序文件和检测试验标准规范；设置实验室组织机构，制订试验人员岗位职责、实验室资料管理制度、试验仪器设备使用维修与保养制度、主要试验设备的操作规程、试验工艺流程等。

第二节　原材料与中间产品

（1）水泥、钢筋等主要原材料有出厂合格证、生产厂家试验报告；产品设备有出厂合格证、设备安装说明书及有关技术文件等。

（2）水泥、钢筋、砂、石子、粉煤灰、外加剂、止水条等主要原材料按规定进行复检，检测项目及频次应符合《水工混凝土施工规范》（SL 677—2014）、《水利工程质量检测规程》（DB34/T 2290—2015）的规定。

（3）金属结构、启闭机及其配套电气设备有出厂合格证、设备安装说明书及有关技术文件，出厂验收手续及资料齐全。构配件等中间产品有生产许可证、出厂合格证、生产厂家试验报告，出厂验收手续及资料齐全。大型设备应按照《水利工程质量监督规程》（DB34/T 2289—2015）要求进行出厂验收；设备进场后，有关单位按合同进行收货检查与验收，形成验收记录。启闭机及其配套电气设备不得使用国家明令禁止的淘汰产品。

（4）混凝土拌合物性能、混凝土（砂浆）标准试件等进行试验，检测项目及频次应满足《水工混凝土施工规范》（SL 677—2014）、《水利工程质量检测规程》（DB34/T 2290—2015）的规定，试块龄期符合设计要求。涉及工程结构安全的试块、试件及有关材料应实行见证取样送检，定期按分部工程不同强度等级分别进行分析和评定，质量应符合质量目标、设计及规范要求；采购的构配件及产品设备应进行进场验收，并及时向监理单位报验。

第三节　工序质量控制

（1）过程控制的内容。制订质量预控对策与方案；制订施工方案和技术措施；施工方案和技术措施应交底；设计变更和图纸会审应记录；使用材料应验收和复试；计量、检验器具应检定或校正；工序交接应检查；隐蔽工程及时验收；质量问题处理结果应复查；质量文件及时立卷、归档。

（2）工序质量的检验执行“三检制”。水利施工管理相关文件规定，施工单位质量检查须按班组初检、施工队复检、质检处（科）终检的“三检制”程序进行，并提交完整的质检签证表格。初检可由班组长或班组兼职质检员担任，终检必须由专职质检员担任。严格按照《水利水电工程单元工程施工质量验收评定标准》（SL 631～SL 639）、设计文件和相关施工规范及时开展检验工作。

（3）工序质量应根据实测实量原始记录进行评定，评定结果应符合质量目标的要求。

（4）按设计、规范及合同要求提前做好配合比设计、土料击实、土方碾压、止水接头、钢材焊接、基础处理等各种功能性试验，试验结果应符合规定要求并及时进行报验。

（5）工程质量是在施工工序中形成的，工序质量是基础。水利工程的单元工程分有工序组成和无工序组成等，有工序的单元工程应先验收评定工序施工质量等级。关键单元工程内的施工工序应理解为关键工序。

第四节　质量评定

（1）工序质量、中间产品、原材料质量合格，工程质量无遗留未处理缺陷。施工单位应制订质量缺陷管理制度，建立缺陷管理台账，将质量缺陷分类管理，采取相应的措施进行消除。工程有质量缺陷时应及时检查并分析原因，处理方案须经设计师、监理工程师和项目法人认可，处理完成后及时登记建立台账。对于符合《水利水电工程施工质量检验与评定规程》（SL 176—2007）2.0.14 条、4.4.3 条及条文说明的报质量监督机构备案。

（2）工程外观质量良好。水工建筑物主体结构无明显变形、裂缝、不均匀沉降；主要结构混凝土无蜂窝、麻面、错台、挂帘等；水下混凝土结构防渗效果良好；混凝土大面平整、分缝顺直美观，钢筋头封堵规整、色泽均匀。桥头堡、启闭机房、管理房等无渗漏，装饰材料无脱落、损坏等情况，无安全隐患。闸门、启闭机制造良好，运行可靠，启闭正常；机电设备及避雷接地符合要求，电缆穿管防护、入槽正确，具有较好的防护措施。观测设施埋设良好，标志清晰，施工期观测资料齐全。

（3）每道工序结束后，由班组自检人员及时填写工序质量检验记录表。

（4）每个单元工程结束后，班组操作人员初检，施工队质检员进行复检，并将初检、复检、原始记录汇总报项目部专职质检员，专职质检员进行终检，填写单元工程质量评定表，评定等级。

（5）主控项目检查、一般项目检查描述清楚，质量标准栏应填写规范规定值或设计指标值。

（6）一般项目检查（允许偏差项目），按实际检查数值填入表中。

（7）表格中有单位名称的地方，应盖该单位设置的现场工程项目部的公章，签字人员的姓名与投标文件中的人员一致。

第五节　验收程序

（1）重要隐蔽单元工程、分部工程、单位工程及时验收，手续完备。

（2）重要隐蔽单元工程联合验收包括基础开挖后建基面、基础处理工程、建筑物基础换填土处理前/后基面、结构回填前的验收等。验收前，桩基完整性和承载力、换填土压实度、混凝土强度和保护层厚度等相关检测已完成并合格。桩基截桩头时应严格控制桩顶高程，预留20～30cm采用电锤凿除，严禁风镐野蛮施工。验收签证各类附件应按《水利水电工程施工质量检验与评定规程》（SL 176—2007）附录F要求提交齐全。

（3）分部工程验收前，混凝土（砂浆）试块强度应进行评定并达到合格及以上等级，单位工程验收前应按《水利水电工程施工质量检验与评定规范 第1部分：土建工程》（DB34/T 371.1—2014）表5、表6进行验收前的自查，以满足验收条件。验收时按《水利水电建设工程验收规程》（SL 223—2008）附录B提交备查档案资料。

（4）重要隐蔽单元工程验收完成后，在距所涉及的阶段验收或分部工程验收20个工作日前报质量监督机构核备，分部工程、单位工程验收完成后10个工作日内报质量监督机构核备。

第六节　工程资料管理

（1）工程资料与工程基本同步、评定资料填写规范、质量指标（设计及规范要求的具体指标）明确，实测数据完整、真实，无错、漏、缺项和前后矛盾，工程资料收集齐全，按照水利部《水利工程建设项目档案管理规定》（水办〔2005〕480号）要求，及时进行分类归档。

（2）工程质量管理需整理、归档的资料主要有以下内容：

① 设计交底、图纸变更、图纸会审资料；

② 施工组织设计、施工方案与技术交底资料；

③ 测量、计量、检测器具检定/校准证书等；

④ 施工现场控制测量、施工期变形观测、渗流观测、水位观测等资料；

⑤ 进场材料检查验收、复试资料；

⑥ 现场施工记录资料，包括影像资料；

⑦ 施工质量现场试验资料，包括影像资料；

⑧ 施工质量现场检查记录资料；

⑨ 工序、单元工程验收、质量评定资料；

⑩ 隐蔽工程检查验收资料，包括影像资料；

⑪ 工程安全与功能检验资料，包括影像资料；

⑫ 质量缺陷台账、处理方案与处理记录处理结果验证资料，包括影像资料；

⑬ 设备出厂验收、进场验收资料；

⑭ 外观质量检测和评定资料。

第四章　安全管理

编制依据：

《中华人民共和国安全生产法》（主席令第13号）

《中华人民共和国特种设备安全法》（主席令第4号）

《生产安全事故应急条例》（国务院令第708号）

《建设工程安全生产管理条例》（国务院令第393号）

《国务院安委会关于进一步加强安全培训工作的决定》（安委〔2012〕10号）

《特种设备安全监察条例》（国务院令第549号）

《水利工程建设安全生产管理规定》（水利部令第26号）

《水利水电施工企业安全生产标准化评审标准》（水利部办公厅办安监〔2018〕52号）

《水利水电工程施工危险源辨识与风险评价导则（试行）》（水利部办公厅办监督函〔2018〕1693号）

《水利部关于开展水利安全风险分级管控的指导意见》（水监督〔2018〕323号）

《水利部关于进一步加强水利安全培训工作的实施意见》（水安监〔2013〕88号）

《生产安全事故应急预案管理办法》（应急管理部令第2号）

《企业安全生产费用提取和使用管理办法》（财政部、安全监管总局财企〔2012〕16号）

《安全生产事故隐患排查治理暂行规定》（安监总局令第16号）

《水利工程生产安全重大事故隐患判定标准（试行）》（水安监〔2017〕344号）

《关于进一步加强水利生产安全事故隐患排查治理工作的意见》（水安监〔2017〕409号）

《安全生产培训管理办法》（安监总局第44号令）

《生产经营单位安全培训规定》（安监总局令第80号）

《生产经营单位生产安全事故应急预案编制导则》（GB/T 29639—2013）

《国家安全监管总局关于印发安全生产资格考试与证书管理暂行办法的通知》（安监总培训〔2013〕104号）

《特种设备作业人员监督管理办法》（国家质量监督检验检疫总局令第140号）

《水利水电工程施工企业主要负责人、项目负责人和专职安全生产管理人员安全生产考核管理办法》的通知（水安监〔2011〕374号）

《水利安全生产标准化通用规范》（SL/T 789—2019）

《水利水电工程施工安全管理导则》（SL 721—2015）

《水利水电工程施工通用安全技术规程》（SL 398—2007）

《水利水电工程土建施工安全技术规程》（SL 399—2007）

《水利水电工程机电设备安装安全技术规程》(SL 400—2016)
《水利水电工程施工作业人员安全操作规程》(SL 401—2007)
《水利水电工程施工安全防护设施技术规范》(SL 714—2015)
《企业安全生产标准化基本规范》(GB/T 33000—2016)
《施工企业安全生产管理规范》(GB 50656—2011)
《生产经营单位生产安全事故应急预案评估指南》(AQ/T 9011—2019)
《建设工程项目管理规范》(GB/T 50326—2017)
《特种设备作业人员考核规则》(TSG Z6001—2019)

第一节 安全目标职责

一、安全目标

(1) 安全生产目标管理制度应明确目标的制订、分解、实施、检查、考核等内容。

① 项目部应落实公司安全生产目标管理制度，公司的安全生产目标管理制度明确目标与指标的制订、分解、实施、考核等内容。

② 安全生产目标应经单位主要负责人审批，并以文件的形式发布。

(2) 项目部制订安全生产总目标和年度目标，应包括生产安全事故控制、生产安全事故隐患排查治理、职业健康、安全生产管理等。

1) 项目部应根据项目安全生产实际，组织项目部各部门制订项目安全生产总体目标（跨年度项目）和年度目标。

2) 安全生产目标应尽可能量化，便于考核。目标制订应考虑以下因素：

① 国家的有关法律、法规、规章、制度和标准的规定及合同约定；

② 水利行业安全生产监督管理部门的要求；

③ 水利行业的技术水平和项目特点；

④ 采用的工艺和设施设备状况等。

3) 安全生产目标应主要包括下列内容：

① 生产安全事故控制目标；

② 安全生产投入目标；

③ 安全生产教育培训目标；

④ 安全生产事故隐患排查治理目标；

⑤ 重大危险源监控目标；

⑥ 应急管理目标；

⑦ 文明施工管理目标；

⑧ 人员、机械、设备、交通、火灾、环境和职业健康等方面的安全管理控制指标等。

(3) 根据项目部部门科室和所属生产单元在安全生产中的职责，分解安全生产总目标和年度目标。

① 目标分解（其内容包括：安全生产目标值、保证措施、完成时间、责任人等）。

② 目标分解应逐级分解到各管理层、职能部门及相关人员。

③ 目标分解应与各职能部门的管理职责相对应。

④ 总目标应分解到年度目标。

（4）逐级签订安全生产责任书。公司应与项目部签订安全生产责任书，项目部应与项目主要管理人员及作业班组签订安全生产责任书，并制订目标保证措施。项目部应加强内部目标管理，逐级签订安全生产目标责任书，实行分级控制。

（5）项目部定期组织开展目标完成情况的检查，依据检查结果评估目标值设定的合理性，是否存在较大偏差，如需调整目标，应重新制订并印发项目安全生产目标，按规定程序上报，按调整后的安全生产目标实施。

（6）项目部每季度应对内部各部门和管理人员安全生产目标完成情况进行考核，并依据考核结果及考核办法进行奖惩。

① 考核周期应明确。

② 项目部应落实公司的安全生产目标考核办法，考核结果为奖惩依据。

二、安全生产责任制

（1）项目部应建立健全以主要负责人为核心的安全生产责任制，明确各级负责人、各职能部门和各岗位的责任人员、责任范围和考核标准［参照《水利水电工程施工安全管理导则》（SL 721—2015）］。

（2）项目部组织各部门逐级签订安全生产责任书，并制订目标保证措施。

① 签订安全生产责任书。

② 制订目标保证措施并落实到每个部门及个人。

③ 保证责任书内容符合相应的安全生产职责。

④ 项目部的安全生产责任制应报项目法人备案，并以文件形式印发。

（3）项目部每季度应对各科室、人员安全生产责任制落实情况进行检查、考核，并根据考核结果进行奖惩。

三、安全生产费用

（1）项目部遵守公司的安全生产费用管理制度，并明确本项目费用的提取、使用、管理的程序、职责及权限。安全生产费用在规定的范围内使用［见《企业安全生产费用提取和使用管理办法》财企〔2012〕16号］。

（2）施工单位应按照建筑工程造价的2%足额提取安全生产费用。

（3）项目部应在开工前根据安全生产需要编制安全生产费用使用计划，经监理单位审核，报项目法人同意后执行。

（4）项目部提取的安全费用应专门核算，建立安全费用使用台账。台账应按月度统计、年度汇总；每年对安全生产费用的落实情况进行检查、总结和考核，并以适当方式公开安全生产费用提取和使用情况。

（5）施工单位按规定为员工缴纳保险。

第二节 安全措施

一、施工组织设计安全技术措施

施工组织设计安全技术措施应包括下列内容：

(1) 安全生产管理机构设置、人员配备和安全生产目标管理计划；

(2) 危险源的辨识与风险评价及采取的控制措施、生产安全事故隐患排查治理方案；

(3) 安全警示标志设置；

(4) 安全防护措施；

(5) 危险性较大的单项工程安全技术措施；

(6) 对可能造成损害的毗邻建筑物、构筑物和地下管线等专项防护措施；

(7) 机电设备使用安全措施；

(8) 冬期、雨期、高温等不同季节及不同施工阶段的安全措施；

(9) 文明施工及环境保护措施；

(10) 消防安全措施；

(11) 其他安全措施。

二、专项施工方案

(一) 专项施工内容

(二) 达到一定规模的危险性较大的单项工程专项施工方案

(1) 专项施工方案应由施工单位技术负责人组织施工技术安全、质量等部门的专业技术人员进行审核，经审核合格的，应由施工单位技术负责人签字确认。实行分包的，应由总承包单位和分包单位技术负责人共同签字确认。

(2) 专项施工方案经施工单位审核合格后应报监理单位，由项目总监理工程师审核签字，并报项目法人备案。

(三) 超过一定规模的危险性较大的单项工程专项施工方案

(1) 专项施工方案应由施工单位组织召开审查论证会。审查论证会应有下列人员参加：

① 专家组成员；

② 项目法人单位负责人或技术负责人；

③ 监理单位总监理工程师及相关人员；

④ 施工单位分管安全的负责人、技术负责人、项目负责人、项目技术负责人、专项施工方案编制人员、项目专职安全生产管理人员；

⑤ 勘察、设计单位项目技术负责人及相关人员等。

（2）审查论证会应就下列内容进行审查论证，并提交论证报告。审查论证报告应对审查论证的内容提出明确的意见，并经专家组成员签字。

① 专项施工方案是否完整、可行，质量、安全标准是否符合工程建设标准强制性条文规定；

② 设计计算书是否符合有关标准规定；

③ 施工的基本条件是否符合现场实际等。

（3）施工单位应根据审查论证报告修改完善专项施工方案，经施工单位技术负责人、总监理工程师、项目法人（单位负责人）审核签字后，方可组织实施。

三、安全操作规程

（1）参加水利水电工程施工的作业人员应熟悉掌握本专业工程的安全技术要求，严格遵守本工种的安全操作规程，并应熟悉、掌握和遵守配合作业的相关工种的安全操作规程。

（2）为确保各类机械、设备及机具的规范操作和安全运行，安全操作规程按照相关要求统一制作，悬挂在机械、设备及机具作业处，并明确操作人员。

（3）项目部应定期对相关操作人员进行安全生产教育和培训，使其熟练掌握安全操作规程。

四、安全技术交底

（1）工程开工前，项目部技术负责人应就工程概况、施工方法、施工工艺、施工程序、安全技术措施和专项施工方案，向施工技术人员、施工作业队（区）负责人、工长、班组长和作业人员进行安全技术交底。

（2）单项工程或专项施工方案施工前，施工单位项目部技术负责人应组织相关技术人员、施工作业队（区）负责人、工长、班组长和作业人员进行全面详细的安全技术交底。

（3）各工种施工前，项目部技术负责人应进行安全作业技术交底。

（4）每天施工前，班组长应向工人进行施工要求、作业环境的安全交底。

（5）交叉作业时，项目技术负责人应根据工程进展情况定期向相关作业队和作业人员进行安全技术交底。

（6）施工过程中，施工条件或作业环境发生变化的，应补充交底。相同项目连续施工超过一个月或不连续重复施工的，应重新交底。

（7）安全技术交底应填写安全交底单，由交底人与被交底人签字确认，安全交底单应及时归档。

（8）安全技术交底必须在施工作业前进行，任何项目在没有交底前不得进行施工作业。

（9）项目部应定期组织对安全技术交底情况的检查，并填写检查记录。

五、安全技术措施落实

（1）施工组织设计、施工方案等技术文件的编制、审核、批准、备案规范；施工前按规定分层次进行交底，并在交底书上签字确认；专项施工方案实施时安排专人现场监护，方案编制人员、技术负责人应现场检查指导。

（2）项目部应对操作规程的落实进行日常监督检查，发现问题督促工人及时纠正。

六、安全防护措施

（一）临边、洞口防护

1. 临边防护

高处作业面（如坝顶、屋顶、原料平台、工作平台等）的临空边沿，必须设置安全防护栏杆及挡脚板。

（1）防护栏杆设置（图 4-1）［见《水利水电工程施工安全防护设施技术规范》（SL 714—2015）第 3.2.2 条］

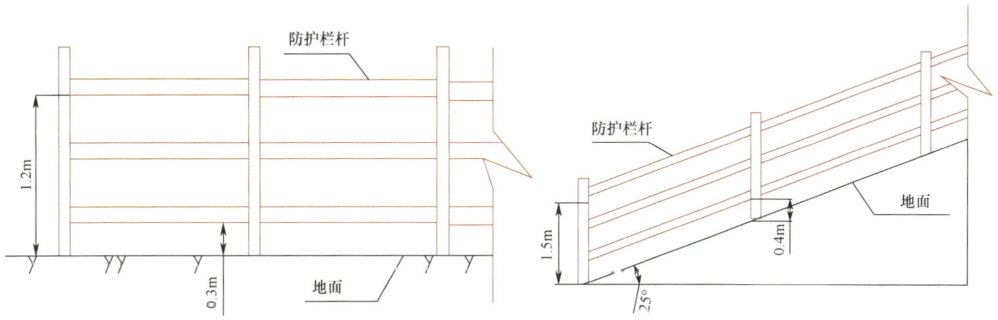

图 4-1　防护栏杆设置

（2）挡脚板设置

施工现场作业区临边（临空）面、作业平台、人行通道、施工通道、运输接料平台等处的防护栏杆底部应设置挡脚板，挡脚板的高度不低于 20cm。防护栏杆及防护用挡脚板应涂刷醒目的黄黑或红白相间颜色（图 4-2）。

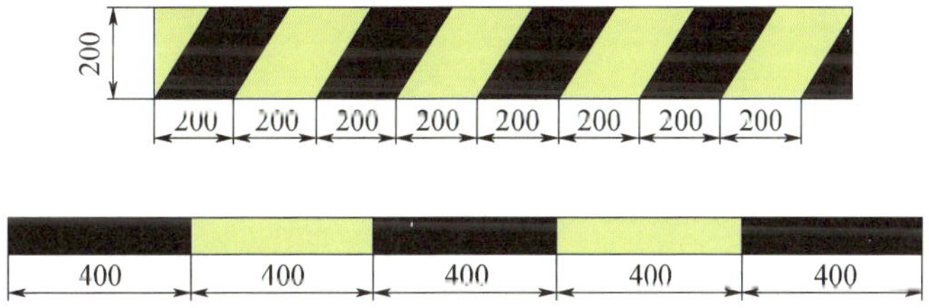

图 4-2　防护用挡脚板及防护栏杆油漆尺寸示意图（单位尺寸 mm）

2. 洞口防护

（1）基本规定（见《水利水电工程施工安全防护设施技术规范》SL 714—2015 第 3.2.9 和第 3.2.10 条）

（2）各类洞口的防护

1）短边尺寸小于 500mm 洞口防护（图 4-3）

① 构筑物平面上短边尺寸小于 500mm 但大于 25mm 的孔口，必须用≥5mm 的花

纹钢板（网格板）或 50mm 厚的木板做面板、下焊限位，让其卡在洞口内防止挪动移位。

② 钢板表面涂黄黑相间的安全线条。

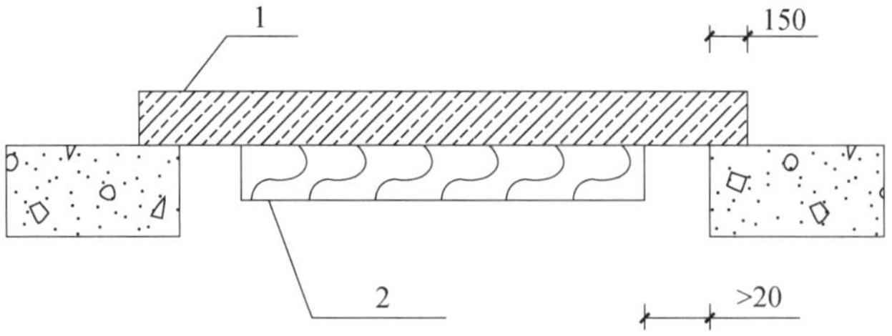

1—50mm木板；2—50mm×50mm木枋（单位尺寸mm）

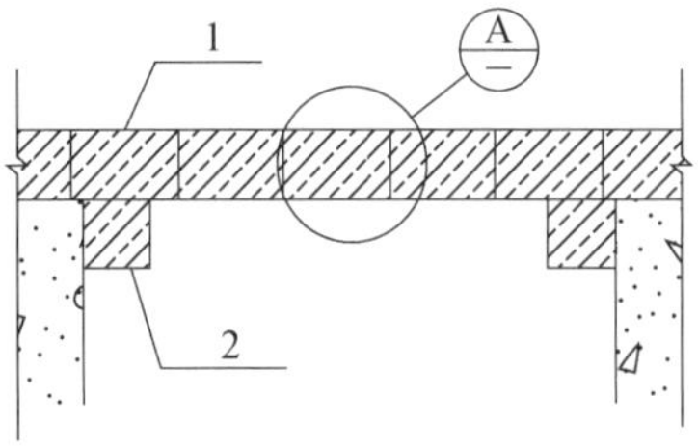

1—50mm木板；2—50mm×50mm木枋

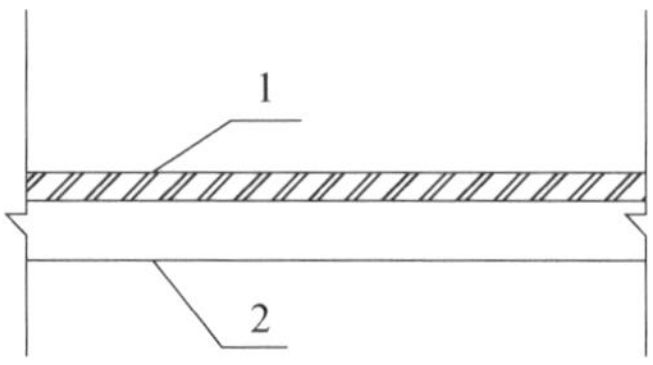

1—5mm花纹钢板；2—≥65mm钢板

图 4-3　短边尺寸小于 500mm 的洞口防护示意图

2）短边尺寸小于 1500mm 洞口防护（图 4-4）

① 边长为 500～1500mm 的洞口，应设置以扣件扣接钢管（或钢筋）而成的网格，格距≤200mm，并在其上满铺脚手板。

② 距洞口外围线 50cm 处设置临时围栏。围栏高度不低于 120cm。

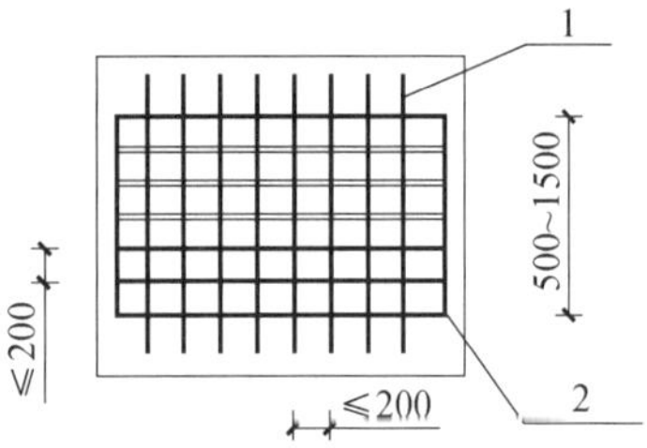

1—钢管伸过洞口≥200mm；2—洞口边线

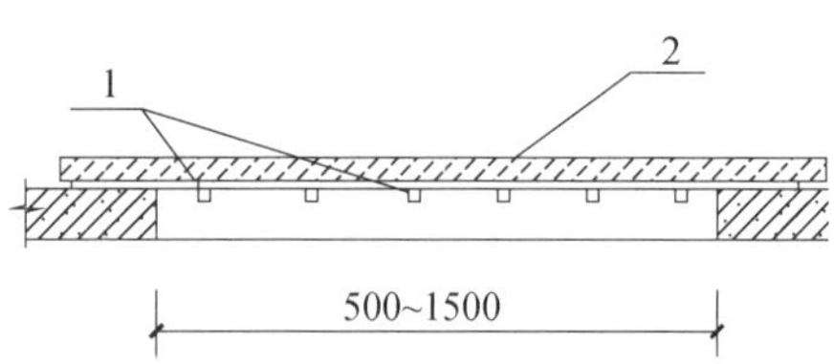

1—Φ48×3.5钢管；2—竹笆

图 4-4　短边尺寸小于 1500mm 的洞口防护平面示意图（单位尺寸 mm）

3）短边尺寸大于 1500mm 洞口防护

① 短边边长 1500～2000mm 的洞口，四周设防护栏杆；防护栏杆下设挡脚板，洞口下方设安全平网，具体见图 4-5。

② 短边边长 1500～2000mm 的洞口，也可以在洞口上加盖钢筋网片，具体见图 4-6。

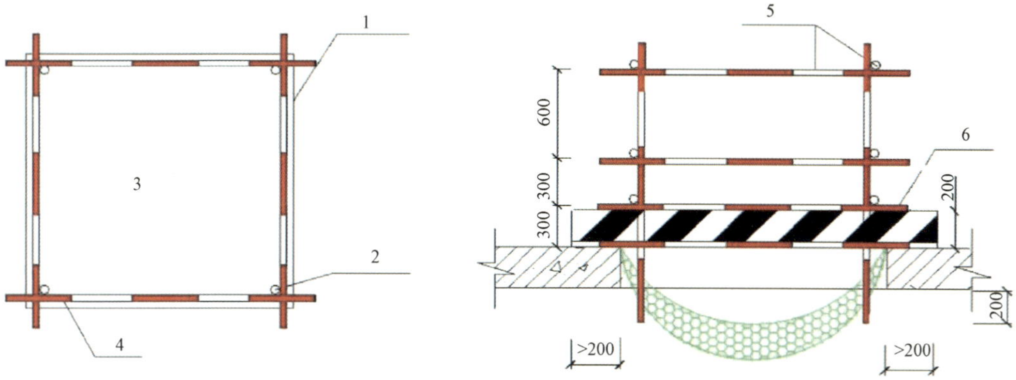

1—洞口边缘线；2—栏杆柱；3—张挂安全网；4—横杆；5—防护栏杆；6—挡脚板200mm

图 4-5 短边边长 1500～2000mm 的洞口防护示意图（单位尺寸 mm）

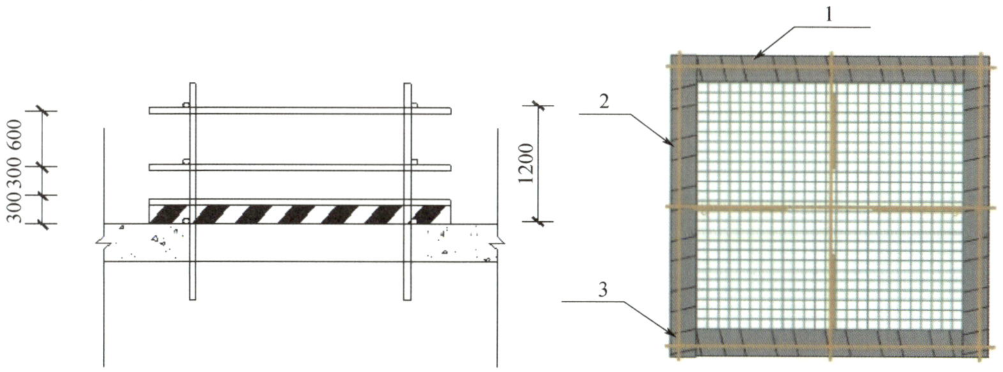

1—下设挡脚板；2—横杆；3—栏杆柱

图 4-6 短边边长 1500～2000mm 的洞口防护钢筋网片示意图（单位尺寸 mm）

③ 边长 2000～4000mm 的洞口，四周设防护栏杆；防护栏杆下设挡脚板，洞口下方设安全平网，具体见图 4-7。

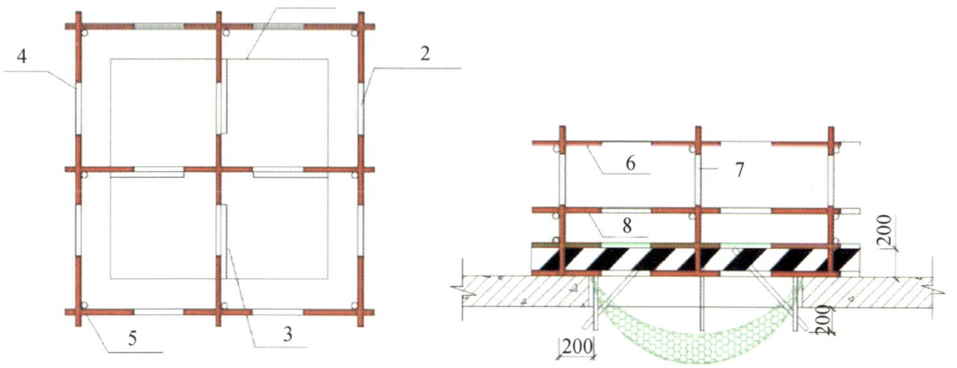

1—洞口边缘线；2—下设挡脚板；3—斜撑；4—横杆；5—栏杆柱；6—上横杆；7—栏杆柱；8—下横杆

图 4-7 边长 2000～4000mm 的洞口防护示意图（单位尺寸 mm）

4）电梯井、闸门井、门槽、电缆竖井的洞口防护

① 电梯井、闸门井、门槽、电缆竖井（以电梯井举例，见图 4-8），施工时按照不同的洞口防护尺寸进行相应的防护。

② 装修期，应设置防护栏杆；井道内施工层的下一层设置一道硬质隔断以防物件掉落，施工层以及其他层统一采用安全网防护。

电梯井、闸门井、门槽、电缆竖井，除设置防护设施外，还应加设明显标志警示。如需临时拆除，需经专职管理人员审核批准，工作完毕必须原样恢复。

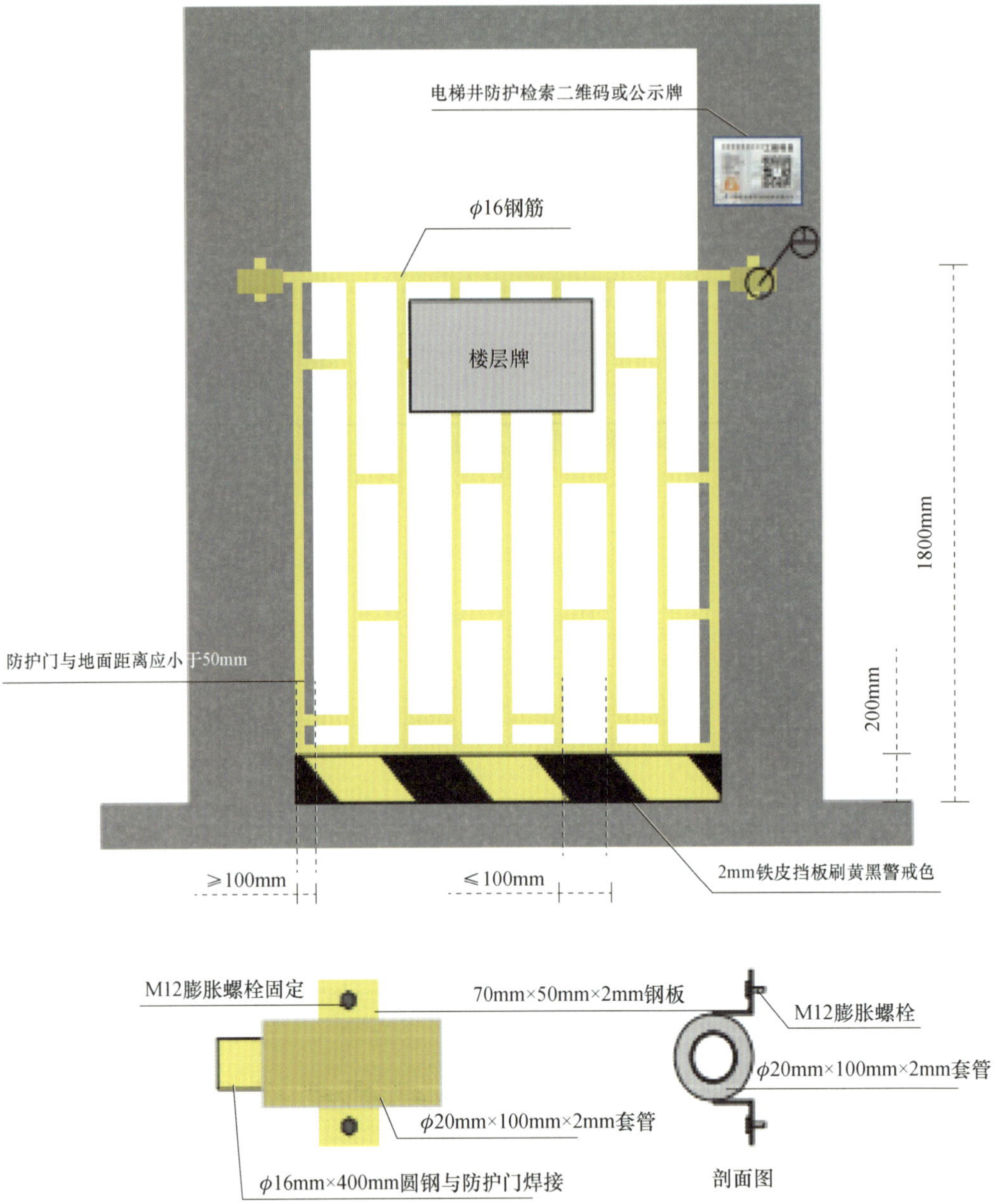

(a) 电梯井防护门

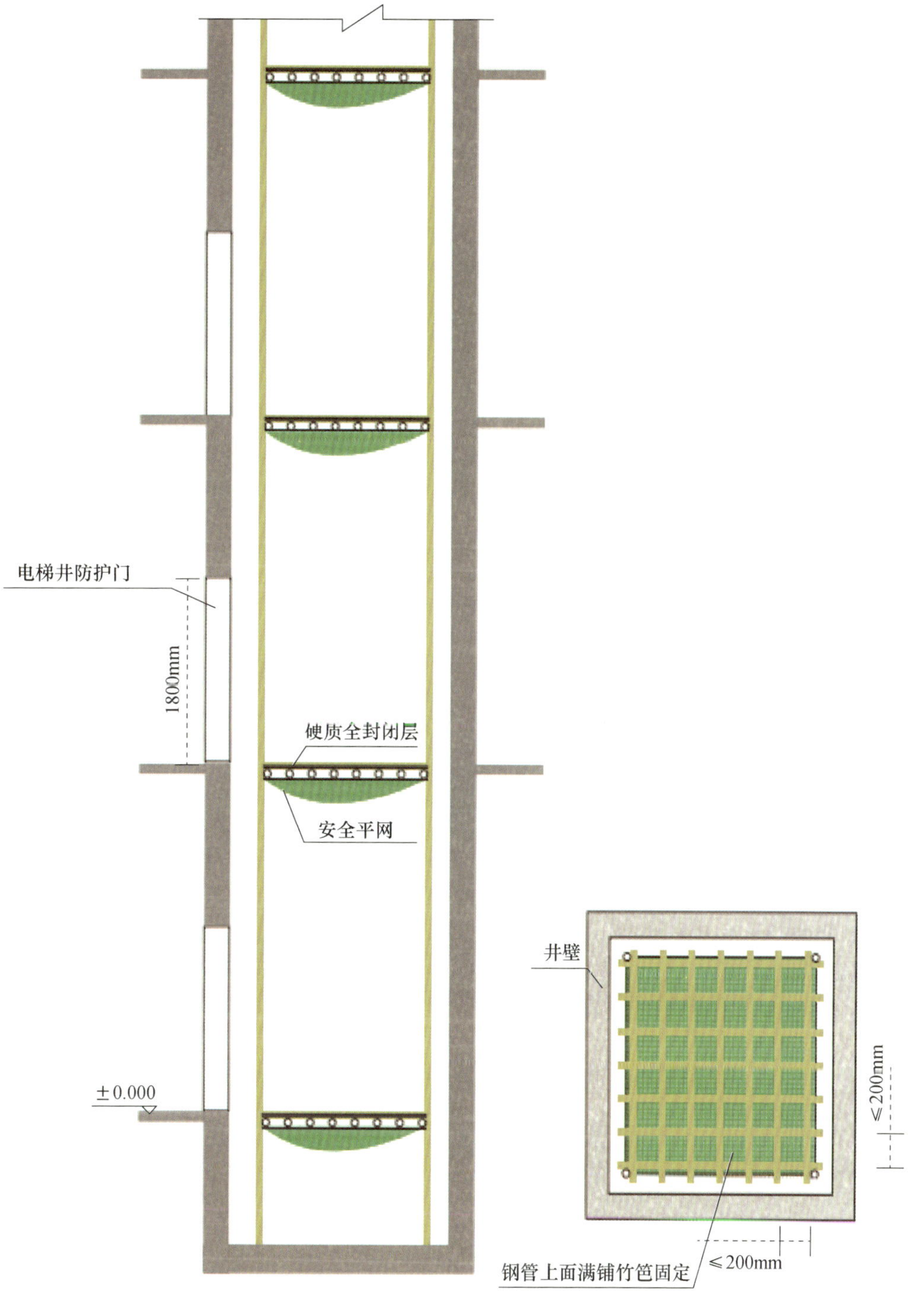

(b) 电梯井竖向洞口防护1

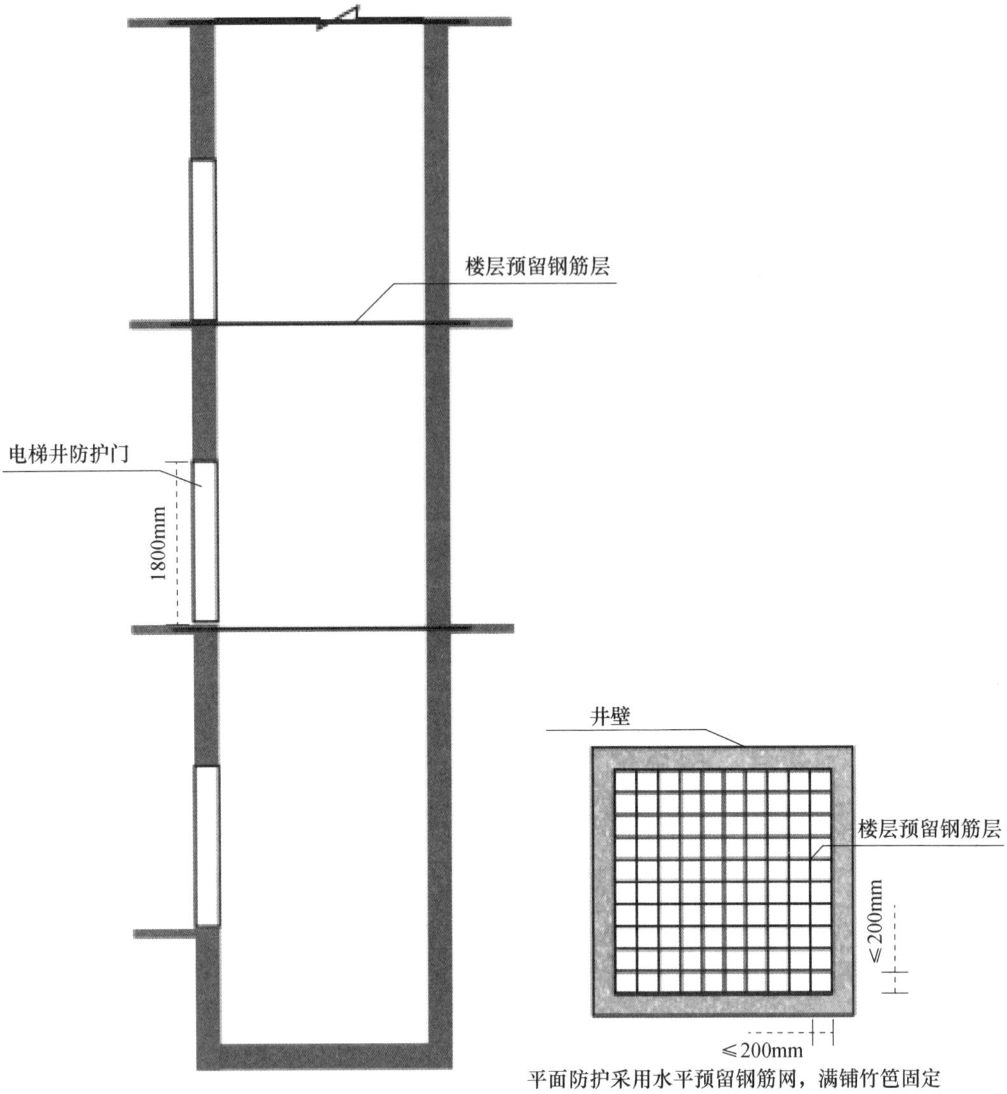

(c) 电梯井、竖向洞口防护2

图 4-8　电梯井洞口防护

（二）安全通道

高处作业、多层交叉作业、隧洞进出口、运行设备等可能造成落物的人行通道处，以及进入建筑物的入口处，必须设置安全防护通道。施工区、作业区及建筑物，应执行消防安全的有关规定，应设有宽度不小于 4m 的消防通道，设置必备的消防水管、消防栓，配备相应的消防器材和设备，保持消防通道畅通。

(1) 基本要求［见《水利水电工程施工安全防护设施技术规范》（SL 714—2015）第 3.3 节通道内容］

（2）各类安全通道的防护

1）进入建筑物的安全通道（图 4-9）要求如下：

① 防护栏杆采用的钢管、扣件及防护用材料应符合现行国家标准。

② 通道的单边宽度比进入门洞宽出 0.3m；通道顶部周边设置不小于 0.3m 高的防护板。

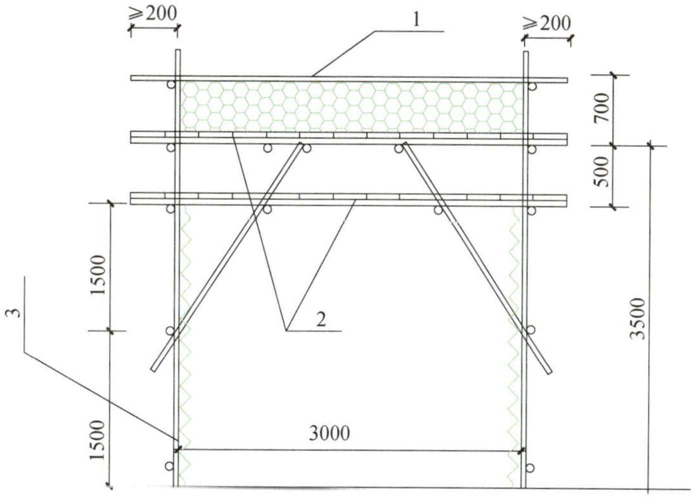

1—ϕ48×3.5钢管；2—正交铺设18mm厚木板；3—密目安全网

(a)

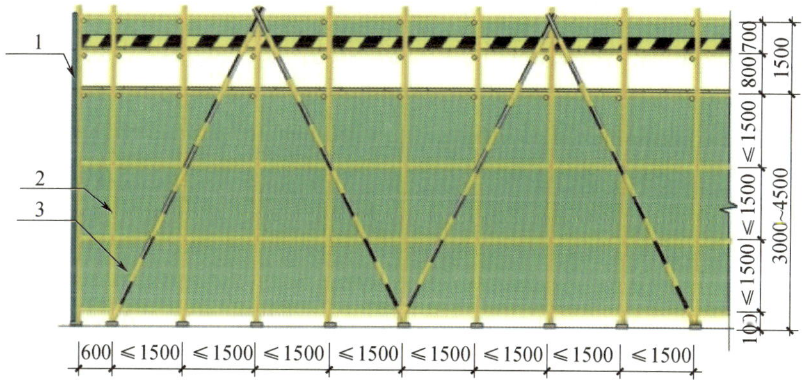

1—密目安全网；2—ϕ48×3.5钢管；3—剪刀撑

(b)

图 4-9　进入建筑物内的安全通道正、侧面图（单位尺寸 mm）

（a）正面图；（b）侧面图

2）斜道

人行并兼作材料运输的斜道的形式宜按下列要求确定：

① 高度不大于 6m 的脚手架，宜采用一字形斜道（图 4-10）；高度大于 6m 的脚手架，宜采用之字形斜道（图 4-11）。

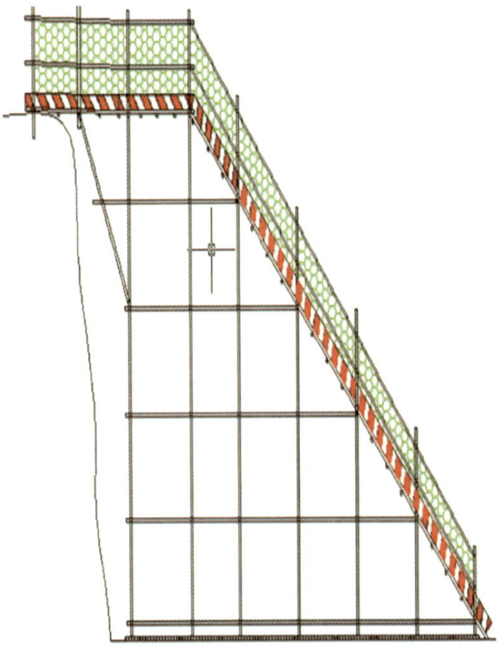

图 4-10　一字形斜道

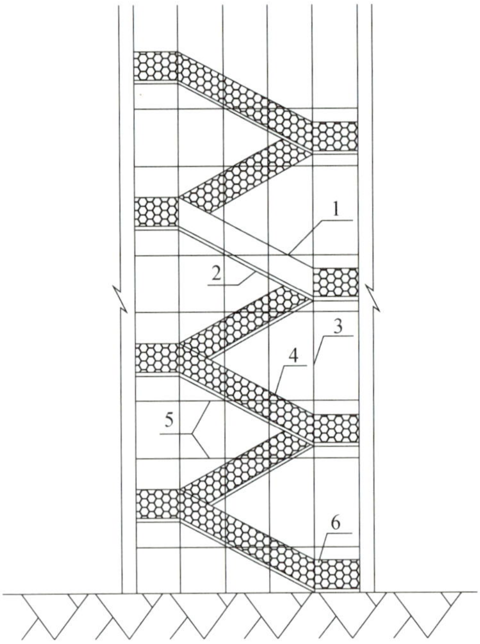

1—防护栏杆φ48.3×3.6钢管；2—撑杆；3—立杆φ48.3×3.6钢管；4—挡脚板；
5—撑杆φ48×3.5钢管；6—安全网

图 4-11　之字形斜道

② 斜道的构造应符合下列规定：

斜道（图 4-12）应附着外脚手架或建筑物设置；运料斜道宽度不应小于 1.5m，坡度不应大于 1∶6；人行斜道宽度不应小于 1m，坡度不应大于 1∶3；拐弯处应设置平台，其宽度不应小于斜道宽度；斜道两侧及平台外围均应设置栏杆及挡脚板。栏杆高度应为 1.2m，挡脚板高度不应小于 200mm。

脚手板必须按脚手架的宽度满铺，板与板之间靠紧，脚手板横铺时，应在横向水平杆下增设纵向支托杆，纵向支托杆间距不应大于 500mm。

图 4-12　斜道的现场图片

3）垂直通道

高处作业面垂直通行必须设有钢扶梯、爬梯（图4-13）或简易木梯（图4-14）。

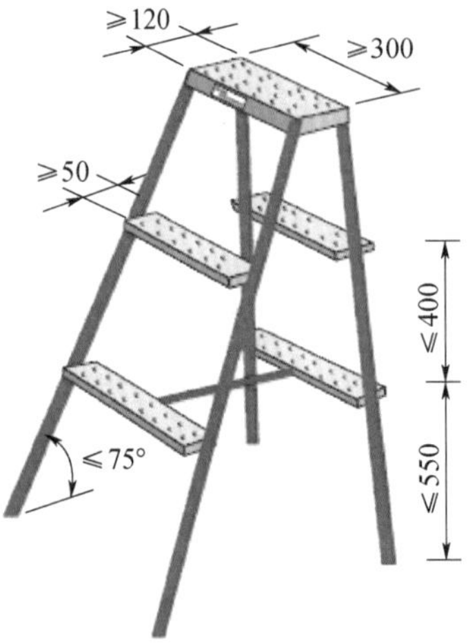

图4-13　爬梯（单位尺寸mm）

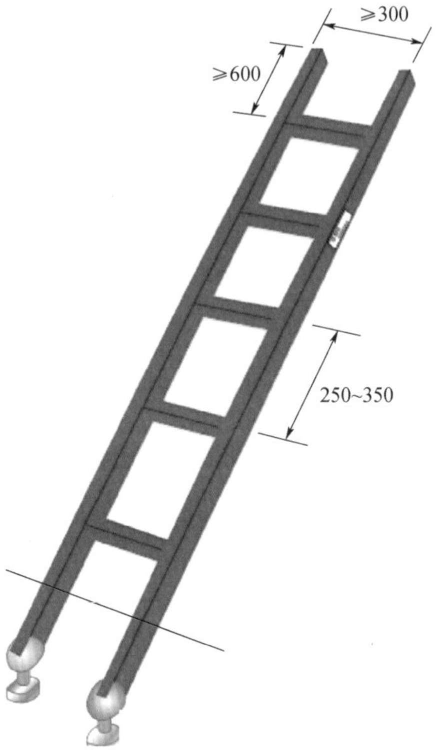

图4-14　简易木梯示意图（单位尺寸mm）

（三）作业平台

1. 移动式作业平台

（1）作业平台应由专业技术人员按现行的相应规范进行设计，计算书及图纸应编入施工组织设计。

（2）临时作业平台的面积不应超过10m²，高度不应超过5m，高宽比不大于2∶1，施工荷载不应大于1.5kN/m²。

（3）装设轮子的移动式作业平台，轮子与平台架体的接合处应牢固可靠，立柱底端离地面不得超过80mm，行走轮和导向轮应配有制动器或刹车闸等制动措施。

（4）作业平台可采用ϕ48.3mm×3.6mm钢管以扣件连接，亦可采用门架式或承插式钢管脚手架部件，按使用要求进行组装。平台的次梁，间距不应大于40cm。台面应满铺5cm厚的木板。

（5）作业平台四周必须按临边作业要求设置防护栏杆，安装挡脚板；栏杆用密目网或钢丝网予以封闭；并按规范的要求布置登高扶梯。

2. 施工脚手架上的作业平台

（1）施工脚手架上的作业平台（图4-15、图4-16），承载力原则上不大于2.4kN/m²（且不得超过脚手架的基本承载力）。

（2）利用脚手架的外立杆为临时防护栏杆，高度不小于 1.5m（从脚手板平面算起）；横杆设置两道，并设置不低于 20cm 的挡脚板。

（3）平台（通道）用脚手板满铺；平台（通道）脚手板临边距构筑物的距离不大于 15cm。平台（通道）的底部、临时防护栏杆外部分别用安全平网加密目网、安全立网加密目网做完全封闭。

（4）按规范的要求布置登高扶梯（或斜道）。

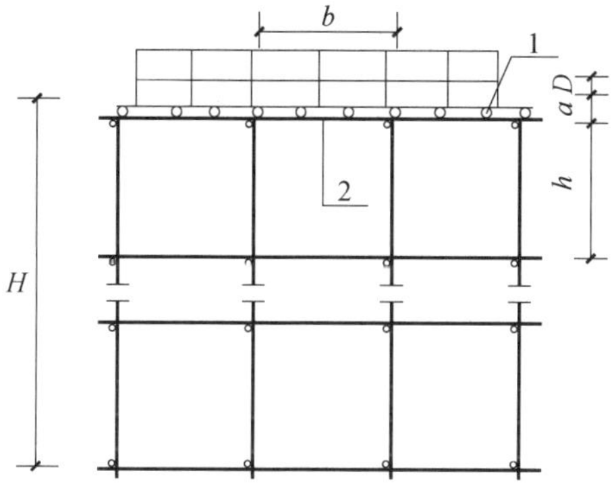

1—纵向钢管；2—横向钢管；b、h与H 有关，应经计算确认

图 4-15　落地平台支撑架立面示意图

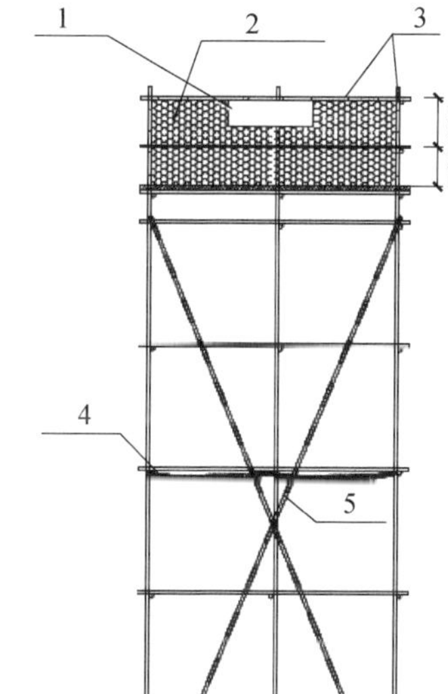

1—限重牌；2—密目安全网；3—栏杆；4—安全平网；5—剪刀撑；6—垫板加底座

图 4-16　落地式作业平台正面示意图（单位尺寸 mm）

（四）安全防护用品

见《水利水电工程施工安全防护设施技术规范》（SL 714—2015）3.12 节内容）。

（五）安全设施管理

（1）项目部应制订安全设施“三同时”管理制度，明确安全设施必须与主体工程同时设计、同时施工、同时投产。

（2）项目部应组织相关人员对已完成的安全防护设施进行验收，验收合格后方可投入使用。

（3）项目部应组织相关人员对投入使用的安全防护设施进行监督检查，发现问题及时整改。

（4）暴雨、台风、暴风雪等极端天气前后组织有关人员对安全设施进行检查和重新验收。

第三节　安全风险管控和隐患排查治理

一、安全风险管控

（一）总体要求

《水利水电工程施工危险源辨识与风险评价导则（试行）》规定，危险源辨识是指对危险因素进行分析，识别危险源的存在并确定其特性的过程，包括辨识出危险源以及判定危险源类别与级别。项目开工前，项目部应制订“危险源辨识与风险评价制度”，明确危险源和风险评价的职责、方法、范围、流程和管控等要求。项目部按照制度要求组织开展本项目部危险源辨识及风险等级评价工作，并形成危险源辨识与风险评价报告。

（二）危险源的分级

危险源分两个级别，分别为重大危险源和一般危险源。

（三）危险源辨识的方法

《水利水电工程施工危险源辨识与风险评价导则（试行）》规定，危险源辨识应先采用直接判定法，不能采用直接判定法辨识的，可采用其他方法进行判定。当本工程区域内出现符合《水利水电工程施工重大危险源清单》中的任何一条要素的，可直接判定为重大危险源。

（四）风险评价

1. 风险等级

《水利水电工程施工危险源辨识与风险评价导则（试行）》规定，风险评价是对危险源的各种危险因素、发生事故的可能性及损失与伤害程度等进行调查、分析、论证等，以判断危险源风险等级的过程。危险源的风险等级分为四级，由高到低依次为重大风险、较大风险、一般风险和低风险。

2. 风险评价方法

《水利水电工程施工危险源辨识与风险评价导则（试行）》规定，危险源的风险等级评价可采取直接评定法、安全检查表法、作业条件危险性评价法（LEC）等方法，重大危险源的风险等级直接评定为重大风险等级，一般危险源推荐使用作业条件危险性评价法（LEC）。

各单位应结合本单位实际，根据工程施工现场情况和管理特点，合理确定 L、E 和 C 值。各类一般危险源的 L、E 和 C 值赋分参考取值范围及判定风险等级范围见《水利水电工程施工一般危险源 LEC 法风险评价赋分表》（见水利部办公厅办监督函〔2018〕1693 号文件）。

3. 风险评价流程

（1）风险识别：发现、确认和描述风险的过程。

（2）风险分析：风险辨识与分析方法应根据工作（工程）特点、评估要求和工作（工程）风险类选择。其一般可采用以下 3 类方法：

① 定性分析方法，如专家调查法；

② 定量分析方法，如故障树分析法；

③ 综合分析法，即定性分析和定量分析相结合的方法。

（3）风险评价：风险评价包括将风险分析的结果与预先设定的风险准则相比较，或者在各种风险的结果之间比较，确定风险等级（图 4-17）。

安全风险与预警等级从高到低划分为四级：

一级：重大风险/红色风险，评估属不可容许的风险；必须建立管控档案，明确不可容许的危险内容及可能触发事故的因素，采取安全措施，并制订应急预案。

二级：较大风险/橙色风险，评估属高度风险；必须建立管控档案，明确高度危险内容及可能触发事故的因素，采取安全措施。

三级：一般风险/黄色风险，评估属中度风险；必须明确中度风险内容及可能触发事故的因素，综合考虑伤害的可能性并采取安全措施，完成控制管理。

四级：低风险/蓝色风险，评估属轻度风险和可容许风险；需跟踪监控，综合考虑伤害的可能性并采取安全措施，完成控制管理。

项目部要依据危险源类型和风险等级建立风险数据库，绘制项目“红橙黄蓝”四色安全风险空间分布图。

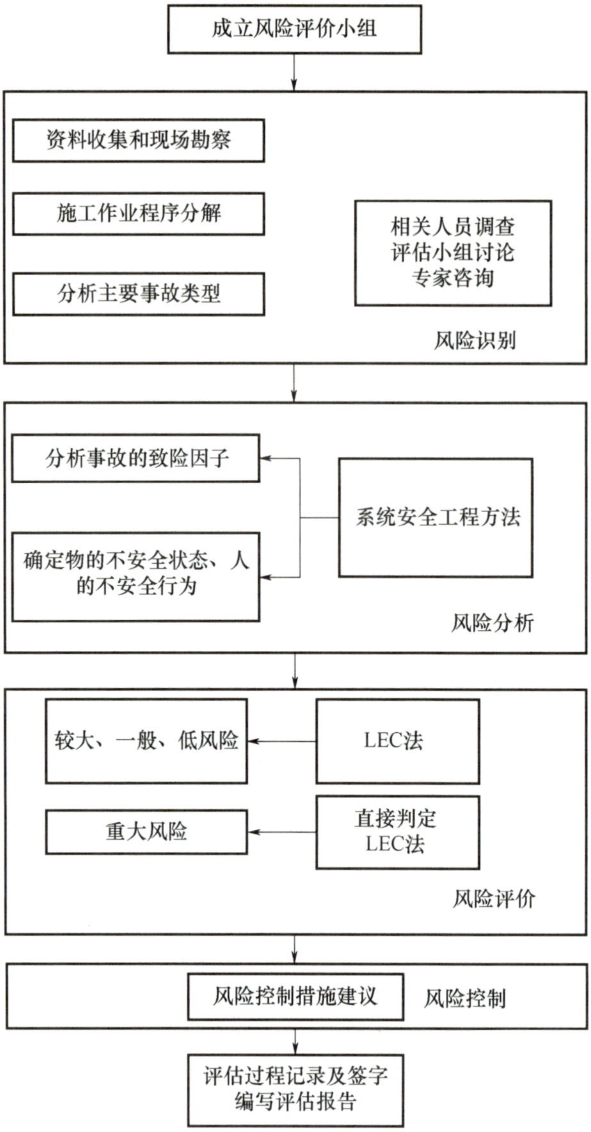

图 4-17　风险评价流程

（五）风险管控

1. 分级实施风险管控

项目部要按安全风险等级实行分级管理，落实施工项目部、班组（施工现场）、岗位（各工序施工作业面）的管控责任。各管控责任单位要根据危险源辨识和风险评价结果，针对安全风险的特点，通过隔离危险源、采取技术手段、实施个体防护、设置监控设施和安全警示标志等措施，达到监测、规避、降低和控制风险的目的。要强化对重大安全风险的重点管控，风险等级为重大的一般危险源和重大危险源要编制应急预案。

2. 动态进行风险管控

项目部要根据危险源风险的变化情况，动态调整危险源、风险等级和管控措施，确保安全风险始终处于受控范围内。要建立专项档案，按照有关规定定期对安全防范设施和安全监测监控系统进行检测、检验，组织进行经常性维护、保养并做好记录。要针对本单位风险可能引发的事故完善应急预案体系，明确应急措施，对风险等级为重大的一般危险源和重大危险源要实现“一源一案”。要保障监测管控投入，确保所需人员、经费与设施设备满足需要。

3. 强化风险公告警示

项目部要建立安全风险公告制度，定期组织风险教育和技能培训，确保本单位从业人员和进入风险工作区域的外来人员掌握安全风险的基本情况及防范、应急措施。要在醒目位置和重点区域分别设置安全风险公告栏，制作岗位安全风险告知卡，标明工程或单位的主要安全风险名称、等级、所在工程部位、可能引发的事故隐患类别、事故后果、管控措施、应急措施及报告方式等内容。对存在重大安全风险的工作场所和岗位，要设置明显的警示标志，并强化监测和预警。要将安全防范与应急措施告知可能影响范围内的相关单位和人员。

4. 危险源的管理

（1）项目部根据工程实际情况，分析明确工程的重大危险源，建立工程重大危险源清单，按规定进行申报并在工程醒目位置进行公示（图 4-18）。

工程名称：

编号	类别	项目	重大危险源	存在部位	可能造成的主要事故类型	管控措施	责任人及电话
1	施工作业类						
2							
3							
4							
5	机械设备类						
6	设施场所类						
7	作业环境类						
8	其他类						

图 4-18　重大危险源公示牌

（2）针对辨识出的重大危险源，分类制订重大危险源事故应急预案，建立应急救援组织或配备应急救援人员。

（3）定期对重大危险源的安全设施和安全监测监控系统进行检测、检验，并进行经常性维护、保养，保证安全设施和安全监测监控系统有效、可靠运行。维护、保养、检测应做好记录，并由有关人员签字。

（4）对与重大危险源有关的操作人员，应按要求持证上岗并进行教育培训和安全交底。项目部应定期对危险源的安全状况进行检查，及时采取措施消除事故隐患。

（5）危险源应在施工作业区醒目位置告知并设置警示标志。

5. 危险性较大的单项工程管理

（1）项目部应在施工现场醒目位置设置危险性较大的单项工程公示牌（图4-19）。

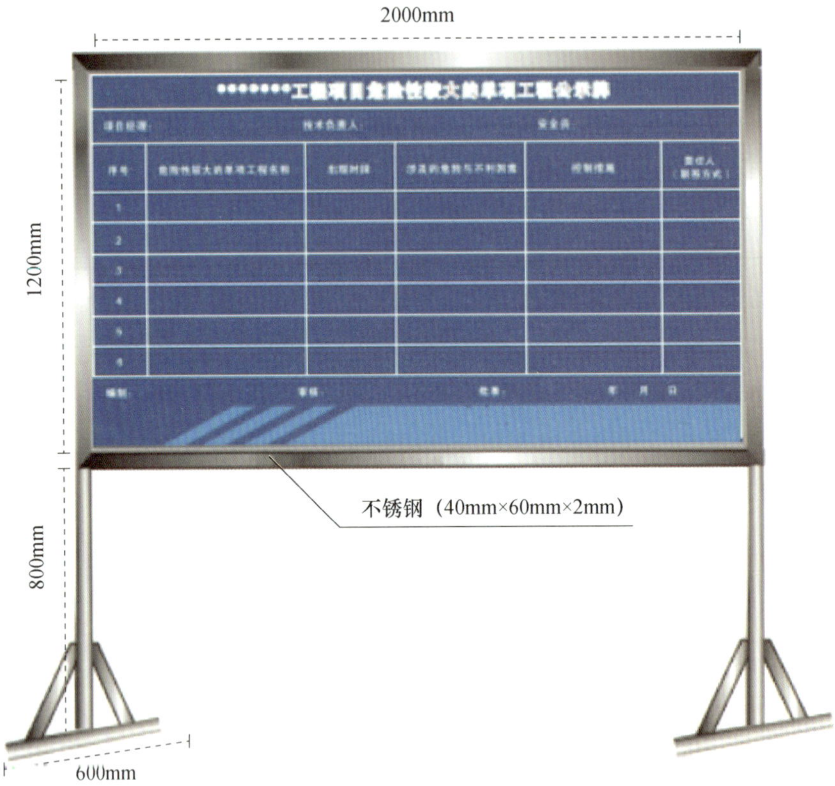

图4-19　危大工程公示牌（水利工程）

（2）项目部应定期组织相关人员对项目部危险性较大的单项工程开展检查，发现隐患及时整改。

（3）危险性较大的单项工程施工前，项目部应对作业人员、管理人员进行安全教育培训和安全技术交底。

（4）项目部应对危险性较大的单项工程安排专人进行旁站，监督检查专项施工方案落实情况。

二、隐患排查治理

（一）安全检查方式

1. 定期综合检查

指以落实岗位安全责任为重点、各个专业共同参与的全面检查。主要检查安全监督组织、安全思想、安全活动、安全规程、安全制度执行、安全生产目标实施的情况等。

2. 专项检查

项目部根据当前安全生产普遍存在的薄弱环节、上级主管部门的要求，组织专项安全检查。专项安全检查主要是针对施工机械、临时用电、脚手架、安全防护设施、大型机械设备、消防安全等专业安全问题进行检查。

3. 季节性检查

根据季节特点开展的专项检查。

4. 节假日检查

主要是节前对安全、保卫、消防、机械设备、安全设备设施、备品备件、应急预案等的检查。

5. 日常检查

包括现场安全规程执行情况、安全措施是否执行、安全工器具是否合格、作业人员是否符合要求、有无违章违规作业、现场安全情况。

6. 事故类比排查

指对企业内或同类企业发生事故后举一反三的安全检查。

（二）安全检查内容

1. 查思想、查意识

以党和国家安全生产方针、政策、法规及有关文件为依据，对照检查公司各级管理层领导是否把安全生产工作列入重要议事日程，安全第一思想是否落实到实际工作中，查对安全生产工作思想认识的高度、重视的程度和抓安全生产工作的深度和广度。

2. 查制度

检查安全管理各项制度是否建立健全并有效执行；安全生产责任制是否落实到人、落实到岗位，深入人心并严格执行；讳章指挥、违章作业、违反劳动纪律的“三违”现象能否及时得到纠正和处理。

3. 查隐患

重点检查施工现场作业环境、劳动条件、生产设施设备、安全设施、操作行为、劳动防护用品的使用是否符合规程标准，重点检查重大危险源和重要环境因素是否已辨识并采取了有效的控制措施。当发现危及人身安全与健康的重大不安全因素时，必须立即采取应急措施（紧急撤离、停工）。

4. 查措施

检查施工组织设计是否编制了安全技术措施、履行了必要的手续；专业性较强的项目（脚手架工程、施工用电、基坑支护、模板工程、起重吊装作业、塔式起重机、物料提升机及其他垂直运输设备的拆装）是否都编制了专项施工方案，并有审批手续；安全技术措施交底工作是否规范开展并跟踪落实。

5. 查教育培训

检查新入场的工人上岗前是否经过三级安全教育培训并经考试合格。从事特种作业的人员，是否经过专门的安全培训考核，并持有效资格证上岗。

6. 查事故处理

检查发生伤亡事故后是否按“四不放过”原则进行报告和处理。

（三）安全检查方法

1. “看”

主要查看管理记录、持证上岗、现场标识、交接验收资料、“三宝”使用情况、“洞口”与“临边”防护情况、设备防护装置等。

2. “量”

主要是用卷尺等长度计量器具进行实测实量，如对脚手架各种杆件间距、在建工程与高压线距离、电箱的安装高度等进行测量。

3. “测”

用仪器、仪表实地进行测量，如用经纬仪测量塔吊塔身的垂直度，用接地电阻测试仪测量接地装置的接地电阻等。

4. “现场操作”

由司机对各种限位装置进行实际操作，检验其使用设施、设备的安全装置的动作灵敏性和可靠性。

（四）事故隐患的整改、处置和复查

1. 口头提出整改的隐患

对于检查中发现的“违章指挥、违章作业、违反劳动纪律”现象，应立即制止，并告知项目经理当场予以纠正，对现场发现的一般隐患，可口头提出，由项目经理落实责任者当场解决。

2. 限期整改的隐患

凡是隐患较严重，不尽快排除可能发生重大伤亡事故，但由于各种客观条件和困难，不能立即解决的，应限期整改，由检查组签发“事故隐患限期整改通知书”。被检查单位负责人接到限期整改通知书后，须制订有针对性的措施，定人、定时落实整改方案，改完后将整改情况反馈至检查组，检查组收到反馈信息后，立即组织复查，确认合格后，隐患消项。

3. 立即整改的隐患

凡是有随时发生重大伤亡事故危险的隐患，应立即整改，由检查组签发“事故隐患停工整改通知书”。被检查单位负责人接到停工整改通知书后，必须迅速组织力量，研究整改方案，立即进行整改。改完后将整改情况反馈至检查组，检查组收到反馈信息后，立即组织复查，确认合格后方可批准复工。

（五）隐患判定分级

1. 一般规定

《安全生产事故隐患排查治理暂行规定》中规定，事故隐患分为一般事故隐患和重大事故隐患。一般事故隐患，是指危害整改难度较小，发现后能立即整改排除事故的隐患。重大事故隐患，是指危害和整改难度较大，应当全部或者局部停产停业，并经过一定时间整改治理方能排除的隐患，或者因外部因素影响致使生产经营单位自身难以排除的隐患。

2. 隐患判定方法

《水利工程生产安全事故重大事故隐患判定标准（试行）》规定：水利工程生产安全重大事故隐患判定分为直接判定法和综合判定法，应先采用直接判定法，不能采用直接判定法的，采用综合判定法判定。

3. 隐患判定标准

（1）直接判定。符合《水利工程建设项目生产安全重大事故隐患直接判定清单（指南）》（水安监〔2017〕344 号）中的任何一条要素的，可判定为重大事故隐患。

（2）综合判定。符合《水利工程运行管理生产安全重大事故隐患综合判定清单（指南）》（水安监〔2017〕344 号）重大隐患判据的，可判定为重大事故隐患。

（六）隐患治理

1. 一般隐患治理

项目部对于危害和整改难度较小，发现后能够立即整改排除的一般事故隐患，应立即组织整改。

2. 重大隐患治理

项目部对于重大事故隐患应制订治理方案，并在整改到位前采取相应的安全防范措施，防止事故发生。事故隐患排除前或者排除过程中无法保证安全的，应当从危险区域内撤出作业人员，设置警示标志，暂时停产停业或者停止使用。

重大事故隐患治理方案内容：重大事故隐患描述；治理的目标和任务；采取的方法和措施；经费和物资的落实；负责治理的机构和人员；治理的时限和要求；安全措施和应急预案等。

3. 隐患治理情况验证和效果评估

隐患治理工作要实行“闭环”管理。对于重大事故隐患，治理情况验证和效果评估还需经监理单位审核，报项目法人。对于一般事故隐患，要求对治理情况进行复查，并在隐患整改通知单上签署意见。

（七）隐患登记建档

（1）对排查出的事故隐患，组织单位应及时书面通知有关单位，定人、定时、定措施进行整改，并按照事故隐患的等级建立事故隐患信息台账。

（2）项目部应按月、季、年对隐患排查治理情况进行统计分析，形成书面报告，经单位主要负责人签字后报项目法人。

（3）隐患经整治复查合格后予以销项，做好记录。

第四节　安全教育培训

一、教育培训的对象及内容

（1）项目部主要负责人及安全生产管理人员的培训内容：

项目负责人每年接受安全生产教育培训的时间不得少于 30 学时，专职安全生产管理人员每年接受安全生产教育培训的时间不得少于 40 学时，其他安全生产管理人员每年接受安全生产教育培训的时间不得少于 20 学时。

（2）新员工、特种作业人员、在岗作业人员、相关方、被派遣的劳动者、实习生的教育培训内容：

① 安全生产责任制及其他规章制度；

② 安全生产管理知识；

③ 安全生产技术、“四新”技术；

④ 操作规程；

⑤ 职业健康；

⑥ 应急救援；

⑦ 典型案例。

（3）施工单位对新进场的工人，必须进行公司、项目、班组三级安全教育培训，经考核合格后方能允许上岗。三级安全教育培训应包括下列主要内容：

① 公司安全教育培训内容：国家和地方有关安全生产法律、法规、规章、制度、标准、企业安全管理制度和劳动纪律、从业人员安全生产权利和义务等。教育培训的时间不得少于 15 学时。

② 项目安全教育培训：工地安全生产管理制度、安全职责和劳动纪律、个人防护用品的使用和维护、现场作业环境特点、不安全因素的识别和处理、事故防范等。教育培训的时间不得少于 15 学时。

③ 班组安全教育培训：本工种的安全操作规程和技能、劳动纪律、安全作业与职业卫生要求、作业质量与安全标准、岗位之间衔接配合注意事项、危险点识别、事故防范和紧急避险方法等。培训教育的时间不得少于 20 学时。

（4）施工单位应每年对全体从业人员进行的安全生产教育培训时间不得少于 20 学时；待岗、转岗的职工，上岗前必须经过安全生产教育培训，时间不得少于 20 学时。

（5）特种作业人员应按规定取得特种作业资格证书；离岗 3 个月以上重新上岗的应经实际操作考核合格。

（6）其他参建单位新上岗的从业人员，岗前教育培训时间不得少于 24 学时，以后每年接受教育培训的时间不得少于 8 学时。

（7）施工单位采用新技术、新工艺、新设备、新材料时，应根据技术说明书、使用说明书、操作技术要求等，对有关作业人员进行安全生产教育培训。

二、教育培训的形式

教育培训形式可以采用集中面授、现场培训、分类培训、小组讨论等，还可以采取网络、视频、板报、电视、知识问答等丰富多彩、易于接受的形式，重在培训效果。重点水利工程或有条件的水利工程施工项目推荐设置安全体验馆（图 4-20）、VR 体验馆。

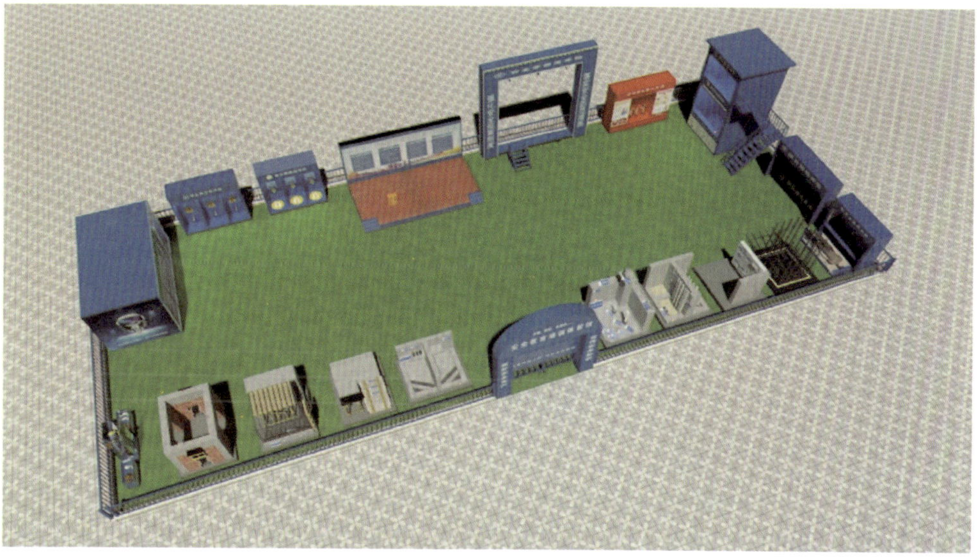

安全体验区：根据项目类型、规模及创建目标，设计体验区规模、体验品数量与类型。公司自制或统一招标合格供应商，项目根据需求报送计划，由配送中心直供，且尽量选择装配式。
质量样板区：根据项目类型、规模及创建目标，设计样板区规模、样板数量与类型，根据项目所在地和建设单位的要求，提供几种方案由项目部自由选择，可通过招标采购（合格供应商二次报价）也可以按照标准自建。

模特着装展示，劳保用品展示

移动平台倾斜体验

墙体推倒体验

钢丝绳展示体验

搬运重物体验

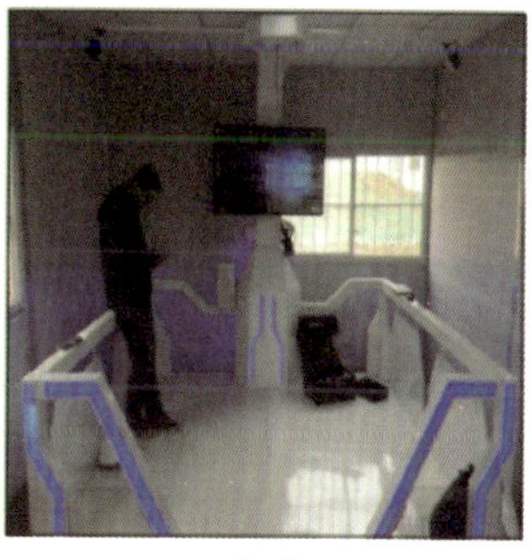

VR体验区

灭火器演示体验

平衡桥行走体验

安全鞋冲击体验

安全帽撞击体验

安全带体验

洞口坠落体验

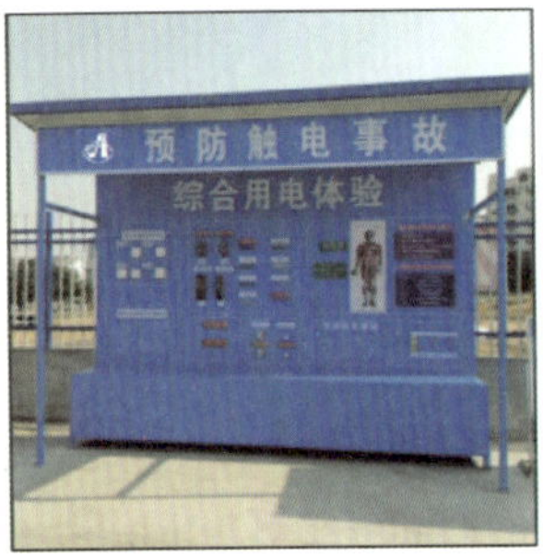

综合用电体验

体验区大门

电焊机操作体验

人字梯体验

爬梯体验

安全急救体验

图 4-20　安全体验馆

三、安全教育的管理

（1）项目部负责组织安全教育培训的部门应当定期梳理分析各类人员的培训需求，以此来编制安全教育培训计划。安全生产教育培训计划应详细、具体、有可操作性，培训内容全面。一般情况下，在上一年度年底制订下一年度的教育培训计划。在施工过程中，应根据培训需求，调整教育培训计划，以满足项目部人员的培训需求。

（2）项目部应按照教育培训计划的要求，组织教育培训工作。教育培训结束后，可采取总体综合评价和全员评价的方式，对教育培训的组织、授课内容、授课形式等进行全面评价。分析本次教育培训工作存在的问题，提出改进的意见、建议，不断提高教育培训的质量。

（3）项目部应加强对教育培训的档案管理，建立从业人员安全培训档案，如实记录安全生产教育培训的时间、内容、参加人员以及考核结果等情况。形成并收集包括培训计划、培训通知、培训签到、教育培训记录、现场培训资料、考试考核资料、考试成绩单及教育培训效果评估等在内的档案资料。

四、安全生产月活动

（1）根据当年安全生产月主题及上级有关要求，项目部应制订“安全生产月”活动方案，开展相关安全生产活动。“安全生产月”活动方案的主要内容有：

①“安全生产月”活动主题；

②“安全生产月”活动时间；

③“安全生产月”活动领导小组；

④“安全生产月”活动内容；

⑤“安全生产月”活动相关要求。

（2）项目部按照制订的“安全生产月”活动方案组织实施，确保活动内容落实到位。

（3）加强宣传，营造安全氛围（图 4-21）。

图 4-21　加强宣传

（4）总结提高，加强安全生产长效机制。

第五节　应急管理

一、应急管理基本概念

（1）应急管理是指政府、企业以及其他公共组织，为了保护人民群众生命安全、身体健康、财产安全，维护公共安全、环境安全和社会秩序，在突发事件的事前、事发、事中、事后所进行的预防、响应、处置、恢复等活动的总称。

（2）应急管理是针对突发事件的危险问题提出的，它既是政府的核心职能之一，更是企业安全管理工作的重要组成部分，是企业重大事故、重大灾害预防的重要手段和措施。

二、应急管理基本原则

（1）以人为本，安全第一；

（2）统一领导，分级负责；

（3）预防为主，防救结合；

（4）快速反应，协同应对；

（5）社会动员，全民参与；

（6）依靠科学，依法规范；

（7）信息公开，引导舆论。

三、应急管理主要内容

（一）事前预防管理

（1）应急日常管理机构建立和完善；

（2）应急管理人员配置；

（3）应急管理制度建立和完善；

(4) 应急宣传、教育和培训;
(5) 应急队伍(专职、兼职、志愿者)建立;
(6) 应急投入和保障(物力、财力和技术等);
(7) 应急预案管理;
(8) 应急演练管理;
(9) 应急保障管理:物资保障(设备、设施、装备);通信保障(设施、系统);避险设施保障(包括矿井上下);医疗急救保障(人员、器材、药品、装备);技术保障(资料、专家队伍);应急广播系统。

(二) 事中处置管理

(1) 应急指挥行动;
(2) 应急资源调配——应急救援队伍资源;医疗急救队伍资源;物资和装备资源;
(3) 应急救援行动——应急处置现场信息记录、传递、报告、续报;
(4) 扩大应急;
(5) 处置权限移交;
(6) 应急结束条件确认及结束。

(三) 事后恢复管理

(1) 污染物处理(必要时);
(2) 生产恢复条件确认;
(3) 后续的医疗救治;
(4) 受灾、受损人员的安置(必要时);
(5) 事故或灾难的损失统计、确认、赔偿或补偿;
(6) 应急救援评估、总结。

四、应急预案

(1) 应急预案是指预防和控制可能发生的事故,最大限度地减少事故及其造成损害而预先制订的工作方案。

(2) 综合应急预案,是指生产经营单位为应对各种生产安全事故而制订的综合性工作方案,是本单位应对生产安全事故的总体工作程序、措施和应急预案体系的总纲。

(3) 专项应急预案,是指生产经营单位为应对某一种或者多种类型生产安全事故,或者针对重要生产设施、重大危险源、重大活动防止生产安全事故而制订的专项性工作方案。

(4) 现场处置方案,是指生产经营单位根据不同生产安全事故类型,针对具体场所、装置或者设施所制订的应急处置措施。

(5) 综合(专项)应急方案主要内容见《生产经营单位生产安全事故应急预案编制导则》。

(6) 应急处置卡主要内容。

应急处置卡应针对岗位可能遇到的事故类别设定处置措施,在水利水电工程施工中可能遇到的20种事故类别为:物体打击、车辆伤害、机械伤害、起重伤害、触电、淹溺、灼烫、火灾、高处坠落、坍塌、冒顶片帮、透水、放炮、火药爆炸、瓦斯爆炸、锅炉爆炸、容器爆炸、其他爆炸、中毒和窒息、其他伤害。在编制应急预案的基础上，针对工作场所、岗位的特点，编制简明、实用、有效的应急处置卡。应急处置卡应当规定重点岗位、人员的应急处置程序和措施，以及相关联络人员和联系方式，便于从业人员携带。示例参见表4-1。

表4-1　示例：管理岗位应急处置卡

序号	事件	处置措施
1	火灾	1. 发现火情，就近选取消防器材灭火； 2. 如果火势太大，向上级报告并拨打“119”； 3. 用湿毛巾等捂住口鼻快速向楼下有序撤离； 4. 离开时随手关闭房门、防火门（防止火势、烟气蔓延）； 5. 不乘电梯逃生； 6. 被困时，保持镇定，不跳楼，耐心等待救援
2	触电	1. 迅速切断电源，或者用绝缘物体挑开电线或带电物体，使伤者尽快脱离电源； 2. 将伤者移至安全地带； 3. 若触电者失去知觉，心脏、呼吸还在，应使其平卧，解开衣服，以利呼吸；若触电者呼吸、脉搏停止，必须实施人工呼吸或胸外心脏按压法抢救； 4. 向上级报告，并拨打“120”急救电话，送医院救治
3	物体打击 碰伤、扭伤	1. 立即停止工作，查看伤情； 2. 轻微流血时，进行包扎止血； 3. 伤情严重时，送至医院做进一步治疗
4	电话报告	安管人员：　　　　　　　电话： 主要负责人：　　　　　　电话： 三级维权窗口电话：

（7）施工单位应在安全风险分析、评估和应急资源调查的基础上，建立健全生产安全事故应急预案体系，包括综合预案、专项预案、现场处置方案，经监理单位审核，报项目法人备案。针对工作场所、岗位的特点，编制简明、实用、有效的应急处置卡。项目部的应急预案体系应与项目法人和地方政府的应急预案体系相衔接。按照有关规定通报应急救援队伍、周边企业等有关应急协作单位。

五、应急救援组织

（一）应急救援队伍

施工单位应按照应急预案建立应急救援组织，组建应急救援队伍，配备应急救援人员。建立以项目负责人为组长的应急救援队伍，明确应急救援组织的领导小组组长，确定应急救援小组成员并建立台账，划分成员职责范围和人员分工等。

（二）应急设备、物资储备

施工单位根据应急预案编写要求，设置应急物资仓库、应急设施，配备应急装备，储备应急物资，建立管理台账，安排专人管理，并定期检查、维护、保养，确保其完好、可靠。

（三）应急资源调查

全面调查和客观分析本项目以及周边单位和政府部门可请求援助的应急资源状况，撰写应急资源调查报告，其内容包括但不限于：

（1）本项目可调用的应急队伍、装备、物资、场所。

（2）针对生产过程及存在的风险可采取的监测、监控、报警手段。

（3）上级单位、当地政府及周边企业可提供的应急资源。

（4）可协调使用的医疗、消防、专业抢修救援机构及其他社会化应急救援力量。

（四）应急预案评审

1. 评审形式

应急预案编制完成后，项目部应按法律法规有关规定组织评审或论证。参加应急预案评审的人员可包括有关安全生产及应急管理方面的、有现场处置经验的专家。应急预案论证可通过推演的方式开展。

2. 评审程序

（1）评审准备。成立应急预案评审工作组，落实参加评审的单位或人员，将应急预案及有关资料在评审前送达参加评审的单位或人员。

（2）组织评审。评审工作应由项目主要负责人或主管安全生产工作的负责人主持，参加应急预案评审人员应符合《生产安全事故应急预案管理办法》要求。生产经营规模小、人员少的项目，可以采取演练的方式对应急预案进行论证，必要时应邀请相关主管部门或安全管理人员参加。应急预案评审工作组讨论并提出会议评审意见。

（3）修订完善。项目部应认真分析研究评审意见，按照评审意见对应急预案进行修订和完善。评审表决不通过的，项目部应修改完善后按评审程序重新组织专家进行评审，并应写出根据专家评审意见修改的情况说明，并经专家组组长签字确认。

（五）应急救援演练

1. 应急演练内容

施工单位根据本单位的事故风险特点，每年至少组织一次综合应急预案演练或者专项应急预案演练，每半年至少组织一次现场处置方案演练，做到一线从业人员参与应急演练全覆盖，掌握相关的应急知识。并对演练进行总结和评估，根据评估结论和演练发现的问题，修订、完善应急预案，改进应急准备工作。

2. 应急演练目的

（1）检验预案。通过开展应急演练，查找应急预案中存在的问题，进而完善应急预案，提高应急预案的实用性和可操作性。

（2）完善准备。通过开展应急演练，检查应对突发事件所需应急队伍、物资、装备、技术等方面的准备情况，发现不足及时予以调整补充，做好应急准备工作。

（3）锻炼队伍。通过开展应急演练，增强演练组织单位、参与单位和人员等对应急预案的熟悉程度，提高其应急处置能力。

（4）磨合机制。通过开展应急演练，进一步明确相关单位和人员的职责任务，理顺工作关系，完善应急机制。

（5）科普宣教。通过开展应急演练，普及应急知识，提高公众风险防范意识和自救互救等灾害应对能力。

（六）应急预案评估

项目部应当建立应急预案定期评估制度，对预案内容的针对性和实用性进行分析，并对应急预案是否需要修订给出结论。参照《生产经营单位生产安全事故应急预案编制导则》（GB/T 29639—2020）定期进行应急预案评估。

（1）生产经营单位现有事故防范设施分析。

（2）应急装备能力评估。

（3）应急队伍能力评估。

（4）现有预案事故处置程序。

（5）综合应急能力评估。

（6）拟增加的应急预防措施。

总结报告的内容包括：应急演练的目的、时间和地点、参演（救援）单位和人员、演练或救援方案概要、发现的问题与原因、经验和教训，以及改进有关工作的建议等。具体生产安全事故应急预案评估报告编制大纲见《生产经营单位生产安全事故应急预案编制导则》。

第六节　证书管理

一、安全生产管理三类人员证书管理

（1）施工单位主要负责人、项目负责人和专职安全生产管理人员统称为“安全生产管理三类人员”。施工单位投标及组建项目安全生产管理机构时项目主要负责人及安全生产管理人员均应持水利部安全生产管理三类人员考核证书上岗。

（2）施工单位应建立三类人员管理档案，专人管理并及时安排复审更新。安全生产管理三类人员证书必须人证相符，证书在有效期内。

（3）安全生产管理三类人员证书不得涂改借用。

二、特种作业人员证书管理

（1）施工单位应建立特种作业人员管理档案，专人管理并及时安排复审更新。特种作业人员证书必须人证相符且在有效期内。

（2）施工单位在聘用特种作业人员时应根据所需特种作业人员持证情况对口聘用，明确特种作业证书的发证机关及证书使用范围。

（3）特种作业人员，其证书应经过相应证书发证机关网站进行网上验证后聘用，验证信息后留存管理档案。

（4）特种作业人员证书应随身携带以便检查管理。

三、特种作业人员资格证书查验

（1）施工单位证书管理人员必须了解聘任特种作业人员证书发证机构。

（2）施工单位证书管理人员应了解如何进行特种作业人员证书信息查询并会真伪验证，打印验证信息后留存特种作业人员档案。

（3）水利行业主管部门未单独开展特种作业资格证书培训考试发证业务，现施工单位聘用特种作业人员主要持住房城乡建设部、应急管理部、国家市场监督管理总局三大部门组织监督培训核发的特种设备作业人员及特种作业人员资格证书。

（4）住房城乡建设部系统培训核发建筑施工特种作业人员证书真伪验证：

住房城乡建设部核发建筑施工特种作业人员证书信息应到相应证书核发机关进行查询（查发证机关的钢印或公章）。不同省市的查询系统不一样，应仔细看页面布局和分类后进行查询。一般在每个省住房城乡建设厅下属关联网站或住房城乡建设厅官网均可直接查询。

查询示例如图 4-22 所示，此特种作业证书发证机关为安徽省住房和城乡建设厅，应到安徽省住房和城乡建设厅官网验证查询：

安徽省住房和城乡建设厅官网：http：//dohurd. ah. gov. cn/

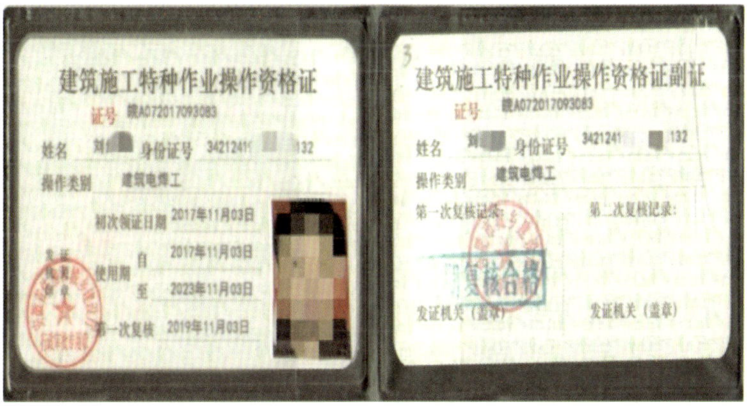

图 4-22　证书样本

刘某某建筑电工证书具体查询步骤示例如图 4-23、图 4-24 所示。

图 4-23　查询步骤（一）

图 4-24　查询步骤（二）

（5）国家应急管理部门培训核发特种作业人员证书真伪验证：

国家应急管理部门培训核发特种作业人员证书信息应到国家应急管理部下属关联网站进行统一查询。国家应急管理部主办、国家应急管理部培训中心承办的，作业证及安全生产知识和管理能力考核合格信息查询平台，可提供查询全国应急管理部门核发的特种作业人员证书信息。

证书样例如图 4-25 所示，该特种作业证书发证机关为安徽省安全生产管理局。查询方法为两种：

① 特种作业证及安全生产知识和管理能力考核合格信息查询平台官网为：http://www.cxsawsorg.org.cn/

② 微信关注公众账号“国家安全生产考试”，在微信端注册并进行实名认证后，使用注册手机号在网页端登录下载电子证书进行信息验证，示例如图 4-26 所示。

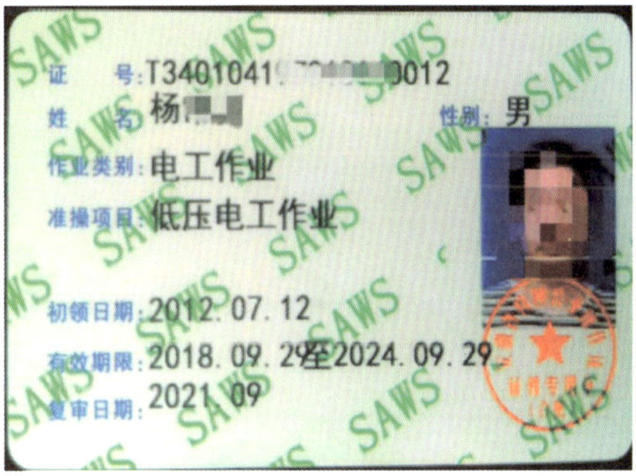

图 4-25　证书样例

图 4-26　国家安全生产考试公众号二维码

杨某某低压电工特种作业证书具体查询步骤示例如图 4-27～图 4-29 所示。

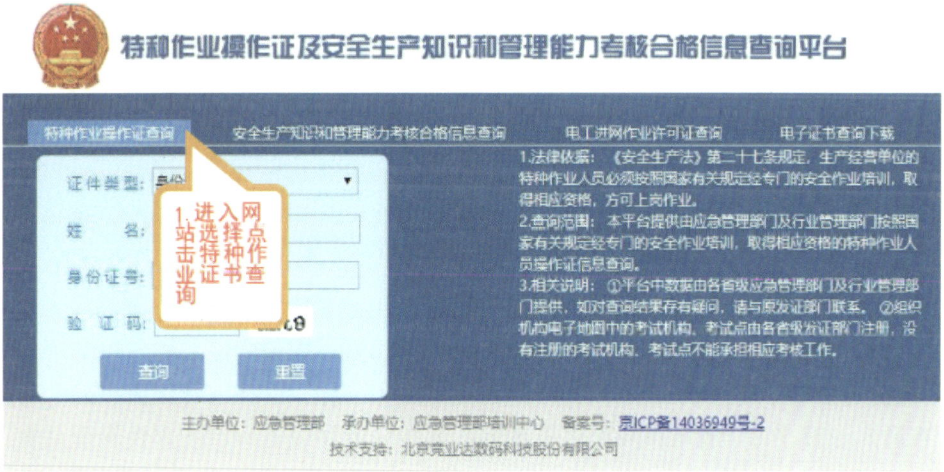

图 4-27　特种作业操作证信息查询步骤（一）

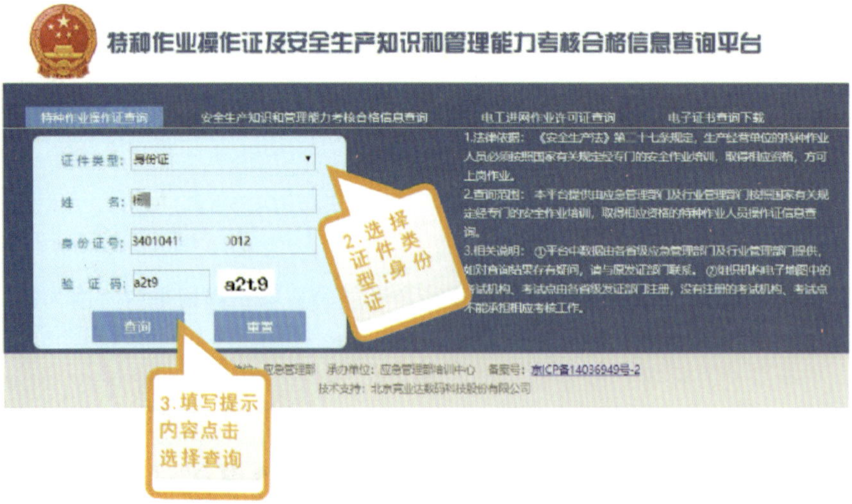

图 4-28　特种作业操作证信息查询步骤（二）

最新证书信息

特种作业人员

姓名		初次发证日期	2012-07-12
性别	男	应复审日期	2021-08-07
作业类别	电工作业	有效期开始时间	2018-08-07
操作项目	低压电工作业	有效期结束时间	2024-08-07
发证机关	合肥市安全生产监督管理局	实际复审时间	2018-08-07
姓名		初次发证日期	2015-08-20
性别	男	应复审日期	2018-08-20
作业类别	电工作业	有效期开始时间	2015-08-20
操作项目	低压电工作业	有效期结束时间	2021-08-20
发证机关	合肥市安全生产监督管理局	实际复审时间	
姓名		初次发证日期	2012-07-12
性别	男	应复审日期	2021-09-29
作业类别	电工作业	有效期开始时间	2018-09-29
操作项目	低压电工作业	有效期结束时间	2024-09-29
发证机关	安徽省安全生产监督管理局	实际复审时间	

历史数据

特种作业人员

图 4-29　特种作业操作证信息查询步骤（三）

（6）国家市场监督管理总局培训核发特种设备作业人员证书真伪验证：

国家市场监督管理总局特种设备作业人员证书信息应到相应证书核发机关进行查询（查发证机关的钢印或公章）。不同省市的查询系统不一样，应仔细看页面布局和分类后进行查询。一般在每个省市市场监督管理局下属关联网站或省市市场监督管理局官网均可直接查询。

如图 4-30、图 4-31 所示，该特种设备作业人员证书发证机关为安徽省合肥市质量技术监督局（现为合肥市市场监督管理局）。安徽省特种作业设备作业人员考核管理平台官网为：http：//tjy. ahtsks. com/default. shtml，查询步骤如图 4-32～图 4-34 所示。

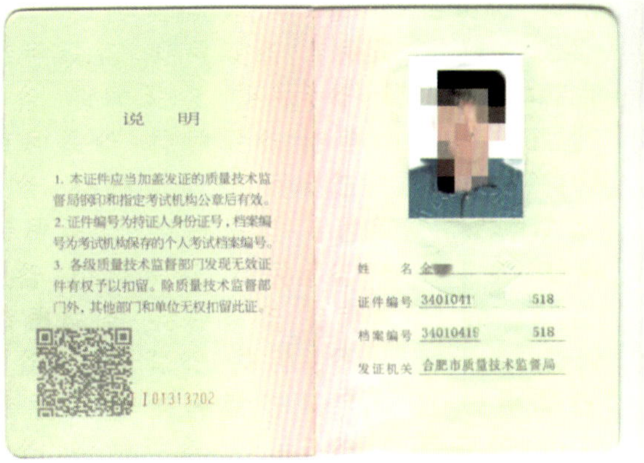

图 4-30　特种设备作业人员证封面二及第 1 页

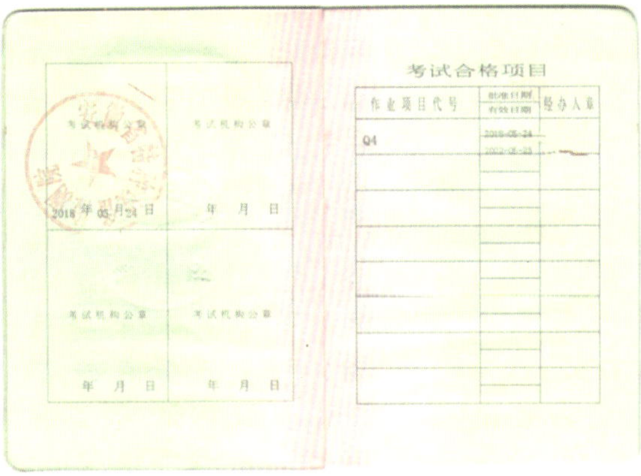

图 4-31　特种设备作业人员证第 2 页及第 3 页

图 4-32　特种设备作业人员证书信息查询步骤（一）

图 4-33　特种设备作业人员证书信息查询步骤（二）

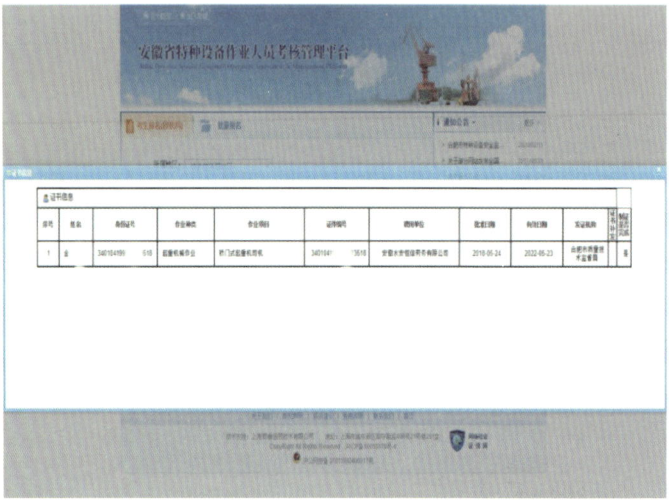

图 4-34　特种设备作业人员证书信息查询步骤（三）

第七节　特种设备管理

一、特种设备定义

《中华人民共和国特种设备安全法》第二条规定，特种设备，是指对人身和财产安全有较大危险性的锅炉、压力容器（含气瓶）、压力管道、电梯、起重机械、客运索道、大型游乐设施、场（厂）内专用机动车辆，以及法律、行政法规规定适用本法的其他特种设备。

二、特种设备的安装拆除资质

从事起重机械安装、拆卸活动的单位应当依法取得主管部门颁发的相应资质和施工单位安全生产许可证，并在其资质许可范围内承揽起重机械安装、拆卸工作。

三、特种设备档案

（1）特种设备的设计文件、产品质量合格证明、安装及使用维护保养说明、监督检验证明等相关技术资料和文件；

（2）特种设备管理台账；

（3）特种设备卡；

（4）特种作业人员管理档案；

（5）特种设备的定期检验和定期自行检查记录；

（6）特种设备及其附属仪器仪表的维护保养记录；

（7）特种设备的运行记录。

四、特种设备管理

（1）特种设备安装、拆卸属于达到一定规模的危险性较大的单项工程，项目部应编制专项施工方案，并履行审批手续。

（2）特种设备交付或投入使用前，应经具备资质的检验检测机构检验合格。其中起重机械安装完毕后，使用单位应当组织出租、安装、监理等相关单位进行验收，起重机械验收合格后方可投入使用，未经验收或者验收不合格的不得使用。

第八节　安全资料管理

安全生产和职业健康管理档案（见《水利水电工程施工安全管理导则》（SL 721 2015）中的附录D）收集内容应齐全，档案管理符合国家、行业相关规范要求，并由专人进行保管；档案保管场所及设施符合有关规定。

第五章 技术管理

编制依据：

《水利工程建设安全生产管理规定（2019修订）》（中华人民共和国水利部令第50号）

《水利水电工程施工组织设计规范》（SL 303—2017）

第一节 施工组织设计编制与审批

一、施工组织设计编制原则

（1）满足施工承包合同和招标文件中有关工程进度、质量、安全、环境保护、造价等方面的要求。

（2）积极开发、使用新技术和新工艺，推广应用新材料和新设备。

（3）坚持科学的施工程序和合理的施工顺序，采取流水施工和网络计划等方法，科学配置资源，合理布置施工现场，制订季节性施工措施，实现均衡施工。

（4）推广建筑节能和绿色施工。

（5）与本单位的质量、环境和职业健康安全等管理体系相结合。

二、施工组织设计编制的基本要求

（1）明确工程各项管理目标，正确处理质量、安全、进度、成本之间的关系，突出“安全第一、质量保证”的原则，制订相应的保证措施，力求实现经济效益、社会效益和环境效益的统一。

（2）施工组织设计的核心是施工组织和部署。要对项目施工主要目标、施工顺序及时间组织、空间组织、施工组织安排等做出统筹规划和全面安排，保持施工的科学性、协调性、均衡性和连续性。

（3）在保证质量、安全等要求的前提下，根据“因地制宜”的原则制订绿色施工技术和管理措施，最大限度地节约资源，减少对环境的负面影响，实现“四节一环保”（节能、节地、节水、节材和环境保护）。

（4）有条件的项目，充分利用BIM（建筑信息模型）技术进行工程施工过程信息化管理。

（5）结合工程特点，除阐述常规做法外，应抓住工程的重点、关键点，做到内容具体、重点难点突出，有针对性、指导性、可操作性。

（6）编制内容力求条理清晰、内容具体、重点突出、表述准确、取值有据、图文并茂、引用标准准确。

（7）施工组织设计应在工程开工（或分部分项工程开工）之前完成编制与审批工作，在实施过程中根据情况变化及时按规定的程序修改完善。

（8）枢纽工程（建设项目）中不同使用功能的单位工程，应在已编制施工组织总设计的基础上，分别编制单位工程施工组织设计。

（9）施工方案的编制计划应在施工组织总设计或单位工程施工组织设计中予以明确。

（10）施工组织设计应规范装订，签字、盖章手续完备。成册规格为A4纸双面打印、竖版左侧装订；装订顺序为封面、审批表、会签表、目录、编制内容、附计算书和图表；封面亦应统一规格。

三、施工组织设计的主要内容

（1）编制依据及说明。

（2）工程概况：项目主要内容和施工条件等。

（3）施工管理组织：项目管理机构及组成、主要岗位职责等。

（4）工程管理目标：质量、工期、技术创新、绿色施工、安全文明等目标及实施要求。

（5）施工部署：施工分部总体策划、工期安排和空间组织、重点难点分析、施工流水段划分及任务安排、新技术开发应用与计划、专项施工方案编制计划、检验试验计划。

（6）施工准备：技术准备、现场准备、资金准备等。

（7）施工总平面布置：现场临时设施、绿化及道路、临时水电及布置、各阶段施工总平面布置图等。

（8）主要施工方法：各专业和主要分部、分项工程的施工方法和施工工艺要求。

（9）主要资源配置计划：主要机具设备、劳动力、工程材料及设施、施工周转材料等。

（10）施工进度计划及工期保证措施（包括施工进度网络图、横道图等）。

（11）质量管理体系和措施（包括工程创优、质量通病防治措施）。

（12）职业健康安全管理体系和安全文明施工措施。

（13）环境管理体系和措施。

（14）绿色施工措施。

（15）技术创新措施。

（16）成本控制措施。

（17）其他管理措施：与工程建设相关方的沟通协调、合同管理、创优管理、季节施工、质量保修、突发事件的应急处置等。

（18）附表和附图。

四、施工组织设计编报与发放

（1）工程项目施工组织总设计和单位工程施工组织设计，由项目经理组织项目部技术管理人员编写，由企业技术负责人审批后方可报项目监理部。

（2）经项目监理部审批后的施工组织设计，由项目技术负责人签发至项目部各施工管理职能部门。

第二节　危险性较大的单项工程专项施工方案管理

（1）工程开工前，应辨识危险性较大的单项工程。危险性较大的单项工程施工前，应按照相关规定编制专项施工方案，对超过一定规模的危险性较大单项工程的专项施工方案，经项目监理部审核后，施工单位应组织行业专家审查论证。

（2）危险性较大的单项工程专项施工方案由项目部技术负责人组织编写，企业技术、安全和质量等部门技术人员审核，企业技术负责人批准；报项目监理部审核后实施。对超过一定规模的危险性较大的单项工程的专项施工方案，经行业专家审查通过后实施。

（3）实行施工总承包的，专项施工方案应当由施工总承包单位组织编制。危大工程实行分包的，专项施工方案可以由相关专业分包单位组织编制，分包单位技术负责人签字后，报总包单位技术、安全和质量等部门技术人员审核，总包单位技术负责人批准实施；专项施工方案上应有总包、分包单位的公章。

（4）施工单位应在施工现场公示危险性较大的单项工程，且建立专项施工方案管理台账。

（5）专项施工方案编制依据住房城乡建设部办公厅《关于实施〈危险性较大的分部分项工程安全管理规定〉有关问题的通知》（建办质〔2018〕31 号）；参考《水利水电工程施工安全管理导则》（SL 721—2015），其内容包括：

① 工程概况：危大工程概况和特点、施工平面布置、施工要求和技术保证条件；

② 编制依据：相关法律、法规、规范性文件、标准、规范及施工图设计文件、施工组织设计等；

③ 施工计划：包括施工进度计划、材料与设备计划；

④ 施工工艺技术：技术参数、工艺流程、施工方法、操作要求、检查要求等；

⑤ 施工安全保证措施：组织保障措施、技术措施、监测监控措施等；

⑥ 施工管理及作业人员配备和分工：施工管理人员、专职安全生产管理人员、特种作业人员、其他作业人员等；

⑦ 验收要求：验收标准、验收程序、验收内容、验收人员等；

⑧ 应急处置措施；

⑨ 计算书及相关施工图纸。

第三节　技术交底

（1）施工组织设计由项目技术负责人对项目部各职能管理部门进行技术交底。

（2）专项施工方案实施前，编制人员或者项目技术负责人应当向施工现场管理人员进行方案交底。

施工现场管理人员应当向作业人员进行安全技术交底，并由双方和项目专职安全生产管理人员共同签字确认。

（3）专项施工方案交底内容。

专项施工方案施工前，负责项目管理的技术人员应当向施工班组、作业人员告知下列安全施工技术要求：

① 工作场所、岗位的危险因素；

② 危险岗位的操作规程；

③ 违章操作的危害；

④ 安全事故和职业危害的防范措施；

⑤ 发生紧急情况时的应急措施；

⑥ 其他应当告知的事项。

（4）按规定对危大工程进行施工监测和安全巡视，发现危及人身安全的紧急情况，应当立即组织作业人员撤离危险区域。

专项施工方案实施完成，对于需要验收的，组织相关人员进行验收，验收合格后方可进入下一道工序。

第六章　进度管理

编制依据：

《工程网络计划技术规程》（JGJ/T 121—2015）

第一节　施工进度计划制订

（1）工程施工应编制总体、年度、阶段及月进度计划。

（2）进度计划编制一般应采用双代号网络图，并明确关键线路，同时辅以横道图简明表示进度计划安排。工序作业持续时间采用时间定额或经验数值计算确定，劳动力需求以旬为时间单位进行平衡计算，实现均衡生产。以优化后的施工进度计划，编制人、材、机、资金需求计划，以图或表格表示。

（3）进度计划编制每天按 8 小时工作制，并考虑雨、雪、恶劣天气不能进行露天作业的影响。

（4）进度计划编制要充分了解施工的实际情况，同时考虑节假日调休的影响，留有一定的弹性余量，使进度安排有指导作用和实操性、可控性。

（5）进度计划编制应有必要的说明，提出编制条件和计算参数。

第二节　进度计划保证措施

绘制进度计划与实际进度对比图或对比表，找出进度滞后的工序和分项工程，分析对总工期的影响程度，并研判是否抢工。

进度计划主要有以下保证措施：

（1）进度控制的组织措施：有良好的进度计划控制职能组织，跟踪进度计划执行情况，采取纠偏措施调整进度计划。采取不同形式的会议，组织协调、落实纠偏措施，同时调整计划关联工作衔接的矛盾。

（2）进度控制的管理措施：施工作业露天进行，受外界的干扰较大，跟踪实际进度，预测影响进度风险，给工作中的衔接协调留有提前量。定期发布实际进度完成情况，促进进度管理信息的交流和项目管理各方的工作协调。

（3）进度控制的经济措施：满足施工进度要求的人、财、物等资源投入。

（4）进度控制的技术措施：通过技术创新、优化施工工艺和施工方案，缩短作业时间。

第三节　进度计划调整

（1）检查并掌握实际进度情况。

（2）分析产生进度偏差的主要原因。

（3）确定相应的纠偏措施和调整方法，并进行调整。

（4）进度计划调整内容包括：施工内容、工程量、施工起止时间、工序持续时间、工作之间的逻辑关系、资源供应等。

（5）施工进度计划应经监理部审核并报发包人批准后执行。

（6）施工进度计划及调整应满足工程承包合同的要求。

第七章　绿色施工

编制依据：

《建筑工程绿色施工规范》（GB/T 50905—2014）

第一节　绿色施工专项方案编制

（1）项目部依据工程内容、周边环境、场地条件，编制含有绿色施工目标、绿色施工管理和技术要求的绿色施工专项方案。

（2）绿色施工专项施工方案由项目技术负责人组织编写，企业技术负责人审批。

（3）绿色施工专项方案一般包括以下内容：

1）编制依据：引用的规范、技术标准。

2）工程概况：施工现场条件、周边环境、绿色施工目标。

3）绿色施工管理：施工管理体系、绿色施工实施管理制度、绿色施工教育与培训、绿色施工协调组织。

4）环境保护及措施内容：

① 环境保护标识、标牌合理设置。

② 粉尘吸纳控制、喷雾降尘控制措施。

③ 施工污水处理与排放。

④ 生活污水处理与排放，生活垃圾的处置。

⑤ 施工噪声的隔离与控制。

⑥ 建筑垃圾的再利用及废弃物的处置。

（4）节材与材料资源的利用。

① 制订材料采购计划，限额领料，控制损耗率。

② 材料包装物回收再利用。

③ 使用节能产品，并有节能控制措施。

④ 合理安排施工进度，减少夜间、冬期施工。

⑤ 依据材料使用时点安排入库，有序堆放，减少库存。

（5）施工用水与节水措施。

① 有施工用水、生活用水的节约规划。

② 土方开挖基坑降水综合利用、处置排放。

③ 考虑雨水的收集利用。

（6）施工用电与节能控制。

① 有施工用电的节约规划，采用低能耗设备。

② 有生活用电的节约规划，采用低能耗电器。
③ 动力燃油定额领料控制。
④ 新型能源的综合利用，如风能、太阳能、空气动力能。
（7）施工用地规划与控制。
① 有生活区、办公室的规划设计，采取可拆卸、箱式、组合式房屋。
② 有加工区、材料堆放区规划设计；采取永、临结合，减少临时建筑。
③ 设计基坑开挖边坡，减少基坑开挖用地。
（8）绿色施工检查与评价。
① 制订绿色施工评价时间节点计划和评价阶段。
② 日常检查巡视与纠偏、持续改进措施。
③ 阶段性评价与纠偏持续改进。

第二节 绿色施工措施

一、节材措施

（1）制订节材措施，选用绿色、环保材料。

（2）周转材料宜选用金属、化学合成材料等可回收再利用产品代替，并应加强保养维护，提高周转率。

（3）就地取材，减少运输损耗；限额领料，减少材料浪费。对可回收再利用物资及时分拣、回收、再利用。

（4）推荐使用工具化的安全防护设施（图 7-1、图 7-2）（参考样式）。

图 7-1 定型化、工具化防护栏杆

图 7-2 脚手板使用钢笆片

二、节水措施

（1）建立雨水收集系统和施工基础降水再循环利用系统（图 7-3）（参考样式）。
（2）施工现场采用节水器具，并设置节水标志。

图 7-3　雨水回收池

三、节能措施

（1）使用低能耗设备和节电器具，如使用声控、光控等节能灯具（图 7-4）（参考样式）。

（2）现场办公室、宿舍、淋浴间的临时设施宜使用太阳能和空气能等可再生能源（图 7-5、图 7-6）（参考样式）。

图 7-4　太阳能路灯

图 7-5　空气能热水器

图 7-6　太阳能热水器

四、节地措施

（1）合理规划施工场地，减少对土地占用。

（2）永、临结合少占地，优化基坑开挖，减少开挖与回填，保护周边自然环境。

五、大气污染防治措施

（1）施工现场的主要道路应进行硬化处理，裸露的场地和堆放的土方应采取覆盖、固化或绿化等措施（图 7-7～图 7-9）（参考样式）。

（2）施工现场土方作业应采取防止扬尘措施，主要道路应定期清扫洒水。

（3）砂石等散体材料集中分类堆放，并采取覆盖或洒水防尘措施。

（4）对水泥和其他易飞扬的细颗粒建筑材料应封闭存放或采取覆盖等措施。

（5）拆除建筑物或构筑物时，应采用隔离、洒水等降噪、降尘措施，并应及时清理废弃物。

（6）施工现场严禁焚烧各类废弃物。

图 7-7　对施工现场主要道路进行硬化，定期清扫洒水

图 7-8　对裸露的场地进行绿化和美化

图 7-9　对裸露的场地用防尘网进行覆盖

六、水土污染防治

（1）施工现场设置排水管及沉淀池，施工污水经沉淀处理达到排放标准后，可进行循环利用或排放。

（2）废弃降水井及时回填，并封闭井口，防止污染地下水。

（3）施工现场临时厕所的化粪池进行防渗漏处理，并定期清运和消毒。

（4）施工现场废弃油料、化学溶剂等物品设置专用库房，地面进行防渗漏处理。

（5）施工现场废弃油料、化学溶剂等废物按照国家或地方有关规定处理，不得随意倾倒填埋。

七、施工噪声及光污染防治

（1）施工现场宜选用低噪声、低振动的设备；强噪声设备设置在远离居民区的一侧，并采用隔声、吸声材料搭设防护棚或屏障。

（2）因生产工艺要求或其他特殊要求，确需进行夜间施工的，加强噪声控制。

（3）对强光作业和照明灯具采取遮挡措施，防止光污染。

第八章　信息化管理

编制依据：

水利部办公厅关于印发《水利水电工程施工危险源辨识与风险评价导则（试行）》的通知（办监督函〔2018〕1693号）

《安徽省建设工程安全生产管理办法》（安徽省人民政府令第265号）

第一节　实施广域网考勤

一、广域网考勤系统

施工现场关键岗位人员广域网考勤系统，英文简称“IFA”。通过互联网以及人脸识别等技术，对施工现场的项目经理、质量员、安全员、项目总监、总监代表等关键人员进行考勤，实现关键岗位人员考勤信息实时传输和动态考核。

二、项目部主要成员

项目经理、技术负责人、安全员、质量员等实名制考勤，按皖水基函〔2014〕1129号《关于进一步明确全省水利工程建设广域网考勤有关事项的通知》的要求，并与安徽省水利厅行政管理部门局域网衔接，接受监督。

第二节　重大危险源监控信息系统

（1）重大危险源内容。

水利水电工程施工重大危险源（以下简称“重大危险源”）是指在水利水电工程施工过程中有潜在能量和物质释放危险的，可能导致人员死亡、健康严重损害、财产严重损失、环境严重破坏，在一定的触发因素作用下可转化为事故的部位、区域、场所、空间、岗位、设备及其位置。

重大危险源包含《中华人民共和国安全生产法》定义的危险物品重大危险源。工程区域内危险物品的生产、储存、使用及运输，其危险源辨识与风险评价参照国家和行业有关法律法规和技术标准。

（2）执行重大危险源和危大工程管理法规，依据承建的工程内容，辨识重大危险源和危大工程，对辨识的重大危险源和危大工程项目清单进行标牌公示。

（3）重大危险源监控信息系统示例。

① 深基坑与高边坡危险源监测示例

1.应对深基坑、高边坡进行监测，施工单位、第三方监测单位的监测数据及时提交到相关监管平台，发挥监测数据的预警作用。
2.深基坑、高边坡监测指标包括：围护结构位移、支撑体系位移、周边地表位移、周边建筑物位移、岩土体深部位移、影响区域地下水位变化等。
3.采用INSAR等技术对深基坑、高边坡安全状态进行较大范围的监测。
4.采用自动化远程实时监测系统，如自动监测机器人等，对深基坑、高边坡进行高频次实时监测预警。

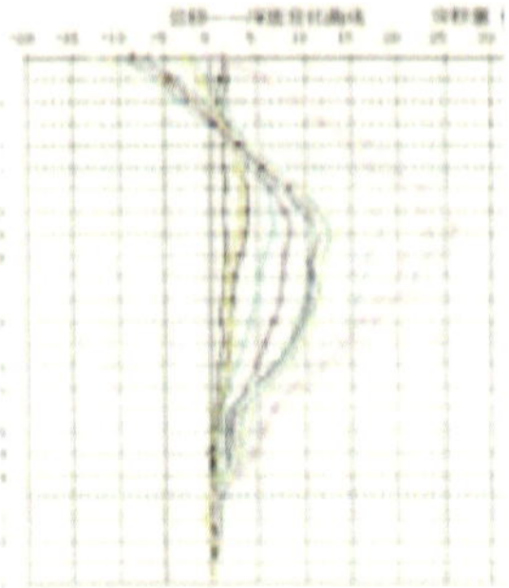

深基坑、高边坡位移自动监测

② 高大模板支撑体系监测示例

1.按要求对超过一定规模的高大模板支撑体系进行监测。
2.监测预警指标应包括：整体位移、模板与支架结构应力与变形。
3.采用自动化远程实时监测系统开展高大模板支撑体系的安全状态监测预警工作，实施预压阶段和混凝土浇筑过程中的安全监测，监测数据应上传至监管平台。

高大模板支撑体系

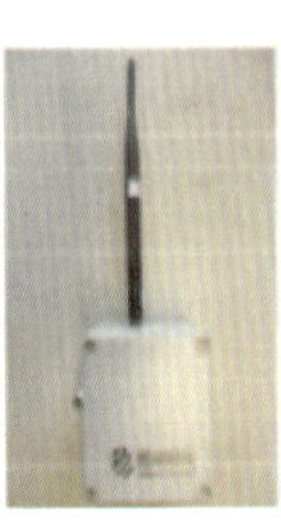

结构倾斜倾角仪

内力应变计

（4）利用计算机和网络等手段，建立现场施工可视化实时监控系统，并传输上报到监督职能部门。

① 作业人员违章行为积分管理体系示例

1.作业人员先进行工具箱安全教育，录入个人信息，配发有身份识别的安全帽后进入施工现场。
2.工人积分管理系统主要由门禁闸机、身份证读写器、人事管理系统软件、工人违章行为App组成。
3.原理：工人违章后，管理人员通过手机App对工人违章行为进行上传，系统通过服务器对数据进行处理，并与门禁系统联动，将工人扣分及违章信息在大门显示。
4.根据工人日常行为进行加减分，扣满12分自动锁死门禁卡，经重新教育并考核合格后方可进入现场，二次扣满12分工人将进入黑名单，清退出场。
5.通过公共账号，可查询工人黑名单信息，一旦进入黑名单，在全国范围内都将无法进入使用该系统的建筑工地。

工人违章行为积分流程

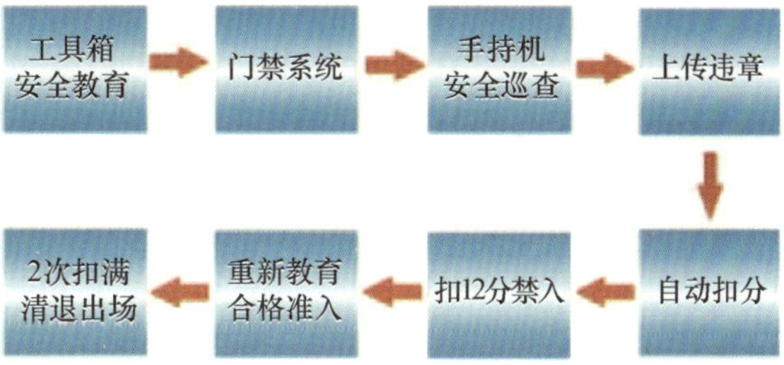

安全帽感应门禁系统

手持机安全巡查

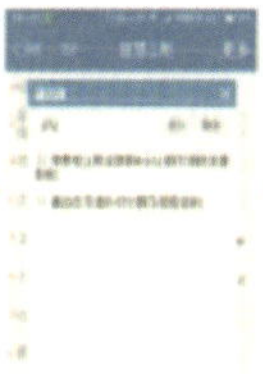
通过芯片查到工人信息

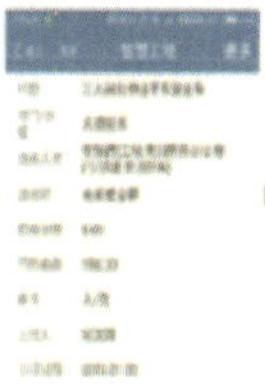
上传照片后系统自动扣分

扣分信息与门禁联动并显示

② 视频监控示例

1.施工现场应按要求建立视频监控系统，视频监控记录也可作为政府部门安全监督执法依据。
2.视频监控摄像头可配合前端图像识别系统，实现人员不戴安全帽、吸烟等违章行为识别、起火点红外监测、越界监测、区域入侵监测、抓拍报警等功能。

监控室

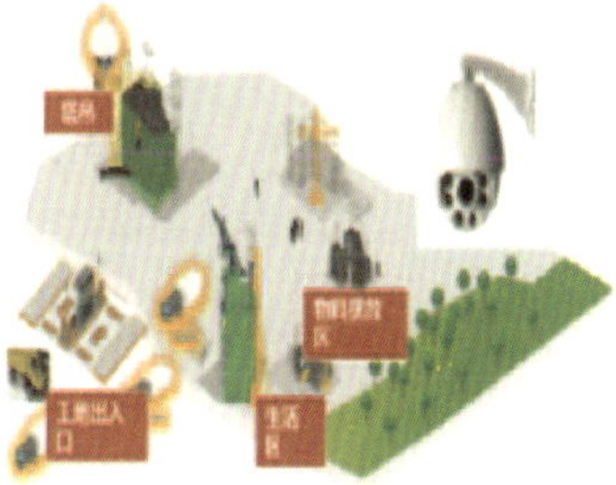
监控布局示意图

第三节　其他信息系统

一、其他信息系统举例

1. 无线局域网

无线局域网，英文简称“WLAN”，是指采用独立的无线局域网设备，通过无线介质进行数据传输的网络。

2. 建筑信息模型

建筑信息模型，英文简称“BIM”，是指以三维数字技术为基础，集成建筑工程项目各种相关信息的工程数据模型，是对工程项目相关信息详尽的数字化表达。建筑信息模型通过数字信息技术实现整个建筑的虚拟化和智能化，是一个完整、丰富、逻辑的建筑信息载体平台。

3. 互联网＋

互联网＋分两个层次来表述。一方面，可以将“互联网＋”概念中的“互联网”与符号“＋”分开理解。符号“＋”意为加号，即代表着添加与联合；表明互联网与传统产业进行联合和深入融合。另一方面，“互联网＋”作为一个整体概念，其意义是通过传统产业的互联网化，完成产业升级；利用互联网开放、平等、互动等网络特性在传统产业的运用，以及大数据的分析与整合，改造传统产业的生产方式。

通常来说，“互联网＋”就是“互联网＋各个传统行业”，但并不是简单的两者相加，而是利用信息通信技术以及互联网平台，让互联网与传统行业进行深度融合，创造新的发展生态。

二、其他信息系统应用

（1）项目部办公区有对外联系的信息网络系统，利用计算机和网络等信息化工具，将施工管理过程中产生的管理信息，进行有序存储、处理、传输并能接受反馈。

（2）采用现代化信息管理技术（如无线局域网、BIM、互联网＋等）进行施工管理。施工人员通过人脸识别系统进行考勤，可使用无人机进行巡航监视，对现场安全、质量管理进行实时监督监控。

（3）项目部可建立“VR”虚拟安全体验室进行安全教育，利用 BIM 演示，进行施工操作演示和技术、安全交底；利用定位系统实时监测隧道人员，实现所在位置实时跟踪查询。

① VR安全体验馆示例

1.VR安全体验馆内配置VR系统设备、VR眼镜等，由管理人员操作讲解，带领工人分批体验。体验馆宜采用模块式箱式房屋，便于周转使用。
2.VR体验以虚拟的危险场景，让体验者身临其境感受违章带来的严重后果，提高员工的安全意识。

VR安全体验

② BIM在安全管理中的应用示例

1.适用范围：现场办公区、宿舍区、施工现场。
2.特点：BIM作为前期策划的重要工具，可广泛用于虚拟建模，更可以用于临建设计、外架设计、洞口防护设计等领域，具有较好的适用性。

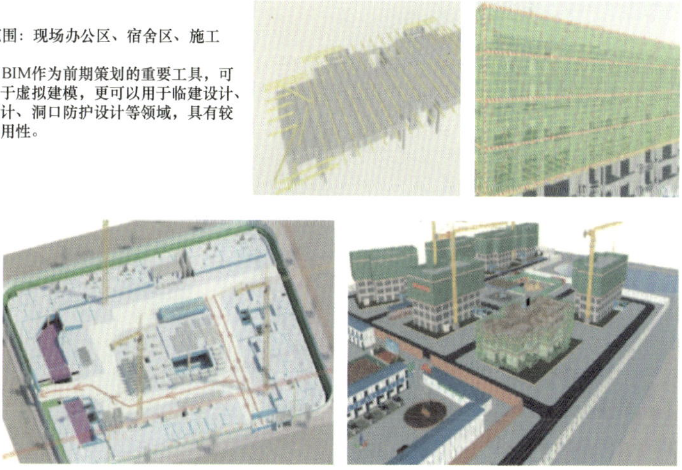

BIM模拟排布

③ 隧道人员定位系统监测示例

1.危险性较大的以及特长隧道（3000m以上），宜采用RFID定位系统对进入隧道人员进行跟踪、定位。
2.隧道人员定位系统包括人员进出考勤、人员定位、视频监控、LED显示功能，对隧道内部人员和其他监控物体的动态分布情况、数量以及其所在的位置能实时跟踪、查询。
3.人员进入隧道后，通过定位器感应芯片，就能将人员的实时动态反映到值班室显示屏上，实时了解施工作业人员的工种、姓名及数量。

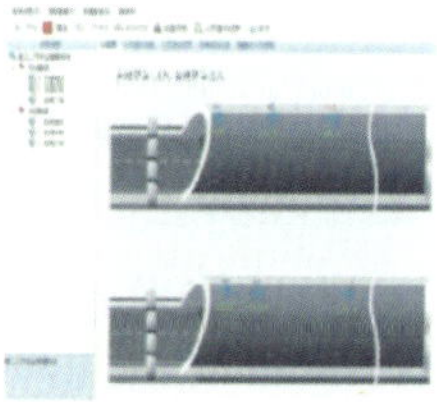

人员定位系统

人员进洞记录

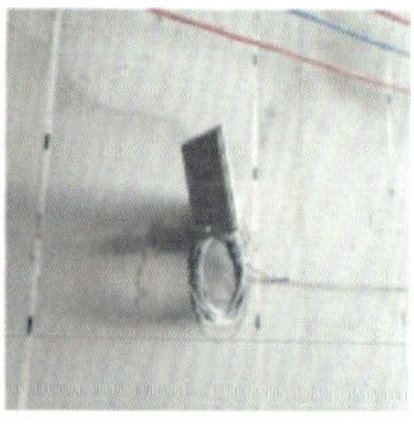

信号追踪定位器